AF460174

RECHERCHES

SUR

LES BOIS ET LE CHARBON,

PAR LE COMTE DE RUMFORD, F. R. S.,

Lieutenant-Général au service de S. M. le Roi de Bavière; Associé étranger de l'Institut impérial de France, etc., etc.

A PARIS,

CHEZ ÉVERAT, IMPRIMEUR-LIBRAIRE,

RUE SAINT-SAUVEUR, N°. 41.

DE L'IMPRIMERIE D'ÉVERAT.

MDCCCXIII.

NOTICE

DE

QUELQUES NOUVELLES EXPÉRIENCES

SUR

LES BOIS ET LE CHARBON,

Lu à la séance de la première Classe de l'Institut, le 30 décembre 1812.

Ayant eu l'occasion de sécher des bois de diverses espèces, pour savoir ce qu'ils contenoient d'eau, je me procurai de chacun une petite planche de 6 pouces de longueur sur 6 lignes d'épaisseur. On m'en détacha au rabot des rubans ou copeaux assez minces, que je fis sécher ensuite pendant huit jours dans une chambre tenue continuellement à la température d'environ 60°. Fahrenheit (=18 $\frac{2}{5}$ centig.) Ces bois sortoient de l'atelier d'un menuisier, où ils étoient restés deux ou trois ans.

Je pris 10 grammes de copeaux de chacun de ces bois ; je les plaçai sur autant d'assiettes de porcelaine qu'il y avoit d'espèces différentes de copeaux. J'enfermai ces assiettes dans une étuve de tôle, que je chauffai modérément pendant douze heures, au moyen d'un petit feu allumé dessous, et que je laissai ensuite refroidir petit à petit pendant 12 autres heures. J'observe qu'un massif de briques enveloppoit l'étuve, et qu'elle étoit encore chaude douze heures après l'extinction du feu.

Ayant retiré les assiettes de porcelaine l'une après l'autre, je pesai de nouveau les copeaux de chaque espèce, et j'en trouvai le poids diminué, dans les uns d'un peu plus, dans les autres d'un peu moins d'un 10e. Ils avoient pesé 10 grammes en entrant; ils n'en pesoient plus que 9 environ en sortant; leur couleur n'avoit pas changé sensiblement; ils ne paroissoient point avoir été exposés à l'action d'une forte chaleur.

Voulant voir jusqu'où l'on pouvoit pousser le desséchement du bois, je remis les copeaux dans l'étuve, que je fis chauffer comme la première fois, pendant 12 heures, et que je laissai ensuite refroidir lentement pendant 12 autres heures.

Le lendemain, les copeaux retirés de l'étuve avoient tous changé de couleur : de blanc-jaunâtre, ils étoient devenus brun-clair, brun-foncé, plus ou moins jaunes, et quelques-uns d'un très-beau pourpre.

Leur poids, qui avoit été de 10 grammes au commencement, se trouva diminué dans les proportions suivantes :

Le chêne................	7,16 grammes.
L'orme..................	8,18
Le hêtre	8,59
L'érable.................	8,41
Le frêne	8,40
Le bouleau...............	7,40
Le cormier..............	8,46
Le merisier.............	8,60
Le tilleul................	7,86
Idem, après avoir été à l'air pendant deux jours...	8,06
Le sapin mâle	8,46
Le sapin femelle	8,66

Voulant voir si, à force de continuer la chaleur modérée de l'étuve, je ne viendrois pas à bout de réduire le bois en charbon, je pris la moitié des copeaux de tilleul. Cette moitié, qui pesoit alors 4,03 grammes, fut placée dans une soucoupe de porcelaine : je posai la soucoupe sur le haut d'un vase cylindrique de faïence, de 3 pouces de diamètre sur 4 pouces de hauteur. Le vase, portant la soucoupe, fut mis lui-même dans un plat de faïence, et couvert avec une cloche de verre de 6 pouces de diamètre sur 8 pouces de hauteur. Il y avoit, dans le plat de faïence, une couche de cendres d'environ un pouce d'épaisseur, qui servoit à fermer légèrement la cloche en bas.

Ce petit appareil ayant été enfermé dans l'étuve, je chauffai celle-ci pour la troisième fois pendant 12 heures, et je la laissai ensuite refroidir lentement encore pendant 12 heures, sans feu.

En retirant l'appareil de l'étuve, je trouvai que le bois étoit devenu d'un noir parfait, et que la cloche de verre étoit obscurcie et jaunâtre.

Je pesai les copeaux qui avoient conservé parfaitement leur forme primitive, et leur poids n'étoit plus que de 2,21 grammes. Comme ils étoient les restes de 5 grammes de bois, je comptois y trouver au moins 50 pour 100 de charbon, d'après les résultats des expériences de MM. Gay-Lussac et Thénard; par conséquent je ne m'attendois pas à moins de 2,5 grammes, surtout d'après la chaleur modérée que j'avois employée.

Pour éclaircir mes doutes, je remis l'appareil dans l'étuve; je chauffai de nouveau pendant 12 heures, et je laissai aussi refroidir 12 heures comme auparavant.

Quand je retirai l'appareil de l'étuve, les copeaux ne pesoient plus que 1.5 gramme; la cloche étoit encore obscurcie et d'une couleur jaune-noirâtre partout, mais principalement dans sa partie supérieure, au-dessus du niveau des bords de la soucoupe où étoient les copeaux, qui furent encore cette fois d'un noir parfait.

L'appareil remis à l'étuve, je chauffai de nouveau pendant 12 heures, et laissai ensuite refroidir le même espace de temps. Le lendemain, quand je retirai l'appareil, je fus extrêmement surpris de voir que la cloche étoit redevenue claire et transparente ; qu'il ne restoit pas la moindre trace de cette couche jaunâtre qui avoit couvert sa surface intérieurement.

En examinant le bois, je trouvai aussi qu'il n'étoit plus de la même couleur ; ce noir décidé, qu'il avoit auparavant, s'étoit converti en une teinte bleuâtre assez foncée, et son poids étoit descendu à 1,02 gramme.

Je l'ai remis encore deux fois à l'étuve, et son poids a toujours diminué successivement, au point qu'en définitif les 5 grammes de bois se sont trouvés réduits à 0,27 d'un gramme, c'est-à-dire $\frac{1}{20}$ du poids primitif. Je suis persuadé qu'ils auroient diminué encore, si j'avois continué l'expérience plus long-temps ; mais elle avoit duré assez pour constater ce fait remarquable : *que le charbon peut être dissipé par une chaleur beaucoup moindre que celle qu'on a regardée jusqu'à présent comme nécessaire pour le brûler.*

On peut croire que j'avois un très-grand désir de savoir si la même chose arriveroit avec du charbon formé par les procédés ordinaires.

Je pris donc un morceau de charbon de ma cuisine ; je le fis rougir fortement, et je le mis encore rouge dans un mortier de marbre où je le pilai ; l'ayant passé au tamis, j'en pris 4,03 grammes, que je placai dans la soucoupe, et que je fis chauffer à l'étuve pendant 12 heures ; ayant ensuite laissé refroidir l'étuve pendant 12 autres heures, j'en retirai mon charbon, et je trouvai qu'il ne pesoit plus que 3,81 grammes.

Comme cette poudre de charbon consistoit dans un assemblage de petits morceaux qui n'étoient en contact avec l'air que par une surface très-petite comparée avec celle des copeaux ; j'ai fait une autre expérience qui a eu un résultat plus frappant et plus satisfaisant.

Ayant enfermé dans un linge une certaine quantité de poudre de charbon, passée au tamis, je l'ai battue fortement dans un endroit dont l'air étoit tranquille : quand cet air m'a paru suffisamment chargé de la fine poussière du charbon, j'ai placé à terre une soucoupe de porcelaine blanche, et je me suis retiré pour y laisser tomber la poussière de charbon. Bientôt la soucoupe en fut couverte au point de paroître d'un gris-foncé.

Je n'attendis pas que toute la poussière de charbon fût précipitée, pour écrire sur la soucoupe quelques lettres avec le bout du doigt.

La trace de ces lettres ne tarda point à être couverte d'une poussière encore plus fine.

J'imaginai que les places où il n'y avoit que de la fine poussière, pourroient blanchir dans l'opération, tandis que les autres places où étoit la grosse poussière, resteroient peut-être encore noires.

Le résultat de l'expérience m'a prouvé que cette précaution n'étoit pas même nécessaire.

Toute la poussière de charbon a disparu complètement dans l'étuve, et la soucoupe en a été retirée parfaitement blanche.

Une autre soucoupe frottée avec du noir de fumée, et qui avoit été placée dans l'étuve, à côté de celle noircie avec la poussière de charbon, est sortie de l'étuve tout aussi noire qu'elle y étoit entrée.

Quand je fus certain que les copeaux de tilleul, changés en charbon, pouvoient être dissipés par la chaleur modérée de l'étuve, je soupçonnai qu'ils avoient été consumés lentement par une combustion sourde et invisible, et que le produit de cette combustion ne pouvoit être que du gaz acide carbonique.

J'ai éclairci la chose par l'expérience suivante.

Ayant fait une provision de copeaux de bois de bouleau fort sec, en rubans d'environ $\frac{1}{20}$ de ligne d'épaisseur sur 5 $\frac{3}{4}$ lignes de largeur et 6 pouces de longueur, je les séchai pendant 8 jours dans une chambre chauffée par un poêle, et où l'air étoit à la température d'environ 60 degrés F. De ces copeaux ainsi séchés sur une table éloignée du poêle, je pris 10 grammes et les plaçai sur une assiette de porcelaine : je les chauffai ensuite dans l'étuve, de la manière déjà décrite, pendant 24 heures, y compris les 12 heures de refroidissement. En sortant de l'étuve, ils n'ont plus pesé que 7,7 gram., et ils avoient acquis une couleur brun-foncé tirant sur le pourpre : c'étoit pourtant du bois encore, car les copeaux, quoique fortement brunis, brûlèrent avec une très-belle flamme.

Je fis trois paquets de ces copeaux brunis, chaque paquet pesant 2,3 grammes. Le premier fut placé dans une assiette de porcelaine blanche, et introduit dans l'étuve, sans être couvert, l'assiette étant montée sur un carreau de terre cuite.

Le second paquet fut mis à l'étuve de la même manière, excepté que celui-ci étoit couvert par une cloche de verre de 6 pouces de diamètre et de 6 pouces de hauteur.

Le troisième paquet fut déposé dans un vase de verre de 6 pouces de hauteur, mais d'un pouce et un quart seulement de diamètre. J'introduisis ce vase étroit dans un bocal de verre de trois pouces de diamètre et de 7 pouces de hauteur, qui, légèrement fermé avec son couvercle de verre, fut aussi placé dans l'étuve sur un carreau de terre cuite.

La porte de l'étuve (qui est double, pour mieux conserver la chaleur) ne ferme pas l'étuve assez exactement pour empêcher le libre écoulement de l'air, et les assiettes de porcelaine sur lesquelles j'avois placé deux de mes paquets de copeaux, étoient plates : ces circonstances favorisoient le libre écoulement du gaz acide carbonique provenant de la décomposition de ces deux paquets, par une combustion lente, et il n'y avoit rien qui pût empêcher le progrès de cette opération : mais le troisième paquet se trouvant enfermé dans un vase étroit, comme le gaz acide carbonique est beaucoup plus pesant que l'air atmosphérique, la première portion de ce gaz provenant d'un commencement de combustion du bois, ne pouvoit manquer de descendre au fond du vase, d'en chasser l'air peu à peu, et de finir par remplir le vase entièrement : cette espèce d'inondation par le gaz acide carbonique ne pouvant pas manquer non plus d'arrêter la combustion, j'ai pensé que ce paquet de copeaux seroit conservé, du moins en partie, même dans le cas où les deux autres seroient entièrement consumés.

Je chauffai donc l'étuve comme à l'ordinaire; et je trouvai, le lendemain, que les résultats de l'expérience avoient été tels que je les avois prévus. Les deux paquets de copeaux placés dans les deux assiettes de porcelaine avoient disparu entièrement; il n'en resta absolument rien, si ce n'est une très-petite quantité de cendres d'une couleur blanche un peu jaunâtre.

Les cendres, dans l'assiette qui n'avoit pas été couverte par une cloche de verre, furent dérangées et dispersées par le vent de la porte ouverte trop brusquement; mais celles dans l'autre assiette ayant été protégées par une cloche, furent trouvées ensemble. Comme elles conservent encore leur forme primitive de copeaux, bien que réduites à un très-petit volume, il me paroît démontré que les copeaux dont elles proviennent, n'ont pas été brûlés par un feu ordinaire. C'est par cette raison, et aussi à cause de leur couleur (qui approche de celle du bois dans son état naturel), que je les ai conservées pour les montrer à la Classe. Elles ne pèsent que 0,04 de gramme; et comme les copeaux, dont elles sont les restes, pesoient 2,987 grammes sortant des mains du menuisier, ces cendres ne font que 1 $\frac{1}{5}$ pour cent du poids du bois.

La troisième portion des copeaux, celle qui avoit été placée dans un vase de verre étroit et haut, n'avoit pas disparu; mais le bois étoit changé en charbon parfait. J'ai l'honneur de le présenter à la Classe, dans le même vase où il a été carbonisé.

Puisque les trois portions de copeaux étoient du même bois et du même poids, puisqu'elles ont été exposées ensemble au même degré de chaleur et pendant le même temps, puisqu'enfin les deux portions que j'avois placées de manière à faciliter l'écoulement du gaz acide carbonique provenant de leur décomposition, ont disparu entièrement, tandis que la troisième, qui s'est trouvée dans une position où l'écoulement de ce gaz étoit impossible, n'a pas disparu et s'est au contraire conservée en charbon; il n'y a plus de doute, ce me semble, sur la cause des phénomènes qui se sont présentés; et c'est certainement un fait assez curieux, *que le charbon, qu'on a regardé jusqu'à présent comme un des corps les plus fixes connus, puisse s'unir à l'oxygène, et former avec lui le gaz acide carbonique, à une température beaucoup au-dessous de celle où cette substance brûle visiblement.* (1)

(1) Ici finit le mémoire que j'ai lu à la séance de la première Classe de l'Institut, le 13 janvier 1812. Ce qui suit est un supplément que l'auteur vient d'ajouter.

Il est cependant possible que cette température, si basse en apparence, ait été pourtant en effet beaucoup plus élevée que les phénomènes n'ont paru l'indiquer, c'est-à-dire plus élevée *là où l'opération en question a eu lieu.*

On ne sauroit d'abord concevoir comment une opération chimique, qui est une action entre les particules élémentaires de substances différentes, avec *un résultat déterminé*, puisse *s'accomplir* à des températures différentes.

Il ne s'agit pas ici de la température à laquelle les particules de deux substances différentes sont déterminées *à se rapprocher*, mais bien de celle qui est le résultat de leur union, et qui se trouve dans la nouvelle substance *à l'instant de sa formation.*

La formation de l'acide carbonique est certainement une opération chimique, ayant un résultat parfaitement déterminé ; et si, dans un cas quelconque, la chaleur qui se manifeste lors de la formation de cet acide, est causée par la condensation de l'oxygène et du carbone qui concourent et se combinent pour le former, la température d'une particule de cet acide doit, ce me semble, être toujours la même à l'instant *où cette particule vient d'être formée.*

Lorsque la température des corps environnans est très-basse, la chaleur développée dans la formation d'une particule d'acide carbonique se dissipe sans élever la température de ces corps environnans, assez pour décider la formation d'une succession rapide de nouvelles particules de cet acide; et quand c'est du charbon qui fournit le carbone employé à former l'acide, il est possible que ce charbon, à cause de sa basse température et de celle de l'air environnant, brûle assez lentement pour n'être que sourdement consumé et ne donner ni suffisamment de lumière pour que sa combustion soit visible, ni suffisamment de chaleur pour accélérer cette combustion, au point de la rendre sensible.

Si le froid augmente jusqu'à un certain point, même la combustion sourde et invisible du charbon, doit cesser entièrement, excepté peut-être, dans le cas où des rayons calorifiques venant de loin et passant à travers les corps immédiatement environnans, rallument, à chaque instant, ce feu invisible.

Nous n'avons aucun moyen de mesurer directement l'intensité de la chaleur qui existe dans des particules de matière qui sont trop petites pour être aperçues; et comme souvent cette chaleur est dissipée très-rapidement et de manière à ne laisser aucune trace de son existence, il a été nécessaire d'employer de l'adresse pour la découvrir et pour estimer son intensité.

Je me suis imaginé qu'il seroit peut-être possible que les particules des oxides des métaux dissous dans de l'eau, fussent assez petites et assez isolées dans ce liquide, pour être chauffées par les rayons solaires au point d'être revivifiées en métal, avec le secours du charbon.

La facilité avec laquelle la plupart des oxides métalliques sont réduits dans le feu, par le moyen du charbon, montre clairement qu'à une certaine température, très-élevée sans doute, l'oxygène se trouve disposé à quitter les métaux, pour aller former, avec le charbon, une nouvelle combinaison chimique (l'acide carbonique); et de là, j'ai conclu que l'oxide d'or dissous dans de l'eau, seroit réduit, en l'exposant, avec du charbon, aux rayons solaires, pourvu que les particules infiniment petites de l'oxide et du charbon, en contact les unes avec les autres, pussent acquérir, en même-temps, dans l'eau froide, le très-haut degré de chaleur qui est nécessaire pour produire cet effet.

Voici l'expérience que je fis il y a 15 ans, pour décider cette intéressante question.

Dans un tuyau mince, de beau verre blanc, de

10 pouces de long, sur $\frac{6}{10}$ de pouces de diamêtre, fermé en bas de manière à former un petit vase cylindrique, j'ai fait entrer assez de charbon en morceaux de la grosseur d'un petit pois, pour remplir le vase à la hauteur d'environ 2 pouces; ayant versé ensuite sur ce charbon une foible solution aqueuse de muriate d'or, en quantité suffisante pour couvrir le charbon; j'ai exposé le vase aux rayons directs d'un beau soleil.

En moins de 30 minutes, de petits points luisans commencèrent à se montrer par-ci par-là sur la surface du charbon du côté qui étoit frappé par les rayons du soleil, et je ne tardai point à voir distinctement que c'étoit de l'or, d'une très-belle couleur jaune et dans tout son éclat métallique.

Après six heures d'exposition du vase au soleil, la solution aqueuse du muriate d'or, qui paroissoit d'un très-beau jaune au commencement de l'expérience, avoit perdu toute sa couleur: elle étoit devenue aussi claire que l'eau la plus limpide et la plus pure.

La surface du charbon étoit parsemée d'or au point d'en être presque toute couverte; et une partie de la surface intérieure du petit vase, (à l'endroit où elle avoit été en contact avec la surface supérieure du liquide), se trouvoit dorée d'une manière très-brillante.

Bien que cette dorure parût très-belle, lorsqu'on la voyoit par le moyen de la lumière réfléchie de sa surface; cependant, lorsqu'on tenoit le vase entre l'œil et une fenêtre, cette dorure paroissoit comme un léger nuage verdâtre, qui n'offroit pas la moindre apparence de splendeur métallique.

De la couleur et de la densité de ce nuage, j'ai jugé que la dorure adhérente au verre avoit moins d'un millionnième de pouce d'épaisseur.

Cette intéressante expérience a été répétée six fois, et a donné constamment les mêmes résultats; l'or se trouvoit toujours complètement réduit ou revivifié, et la solution étoit laissée sans couleur.

En examinant, avec un bon microscope, la dorure adhérente au charbon, on appercevoit distinctement qu'elle étoit composée d'une infinité de petites écailles d'or, séparées les unes des autres, et présentant l'apparence d'une riche couleur d'or mat.

De pareilles expériences, et avec des résultats semblables, ont été faites avec une solution de nitrate d'argent, exposée avec du charbon à l'action des rayons solaires. L'argent fut revivifié; il parut avec tout son éclat métallique sur la surface du charbon.

On sait combien est intense la chaleur qu'on est

obligé d'employer lorsqu'on fait réduire les oxides d'or et d'argent dans un creuset, par le moyen du charbon, en les exposant au foyer d'un fourneau. Peut-on supposer que la chaleur ait eu moins d'intensité, lors de la réduction de ces mêmes oxides par le moyen du charbon et des rayons solaires, dans les expériences dont je viens de rendre compte ?

On trouvera les détails de ces expériences et de plusieurs autres du même genre, dans un mémoire qui a été lu à la Société Royale de Londres, le 14 juin 1798. Ce mémoire a pour titre : RECHERCHES SUR LES PROPRIÉTÉS CHIMIQUES ATTRIBUÉES A LA LUMIÈRE; et il a été publié dans les transactions Philosophiques de l'année 1798, ainsi que dans le premier volume de mes Philosophical-Papers.

RECHERCHES

SUR

LA CARBONISATION DES BOIS

PAR UNE FOIBLE CHALEUR,

ET SUR

LA DÉCOMPOSITION DU CHARBON

PAR UNE COMBUSTION SOURDE ET SANS LUMIÈRE;

Lu à la séance de la première Classe de l'Institut, le 13 janvier 1813.

Si j'ai été frappé, il y a quelques mois, en trouvant que *la cire* pouvoit être brûlée de manière à ne donner que la 16e. partie de la lumière qu'elle fournit ordinairement dans sa combustion, je n'ai pas été moins surpris, tout récemment, en trouvant que *le charbon* pouvoit être brûlé de manière à ne donner *aucune lumière*.

tenir le vase hermétiquement fermé à l'aide d'un plateau de verre bien poli.

Le vase, ainsi fermé, fut placé dans l'étuve (1), sur un carreau de terre cuite, et un autre carreau de terre cuite fut placé sur le plateau de verre, pour assurer davantage la fermeture du vase, et l'étuve fut chauffée modérément pendant 12 heures.

Pendant ce temps, j'ai ouvert l'étuve plusieurs fois, pour observer les progrès de l'expérience, et pour juger de la température qui existoit dans l'intérieur de l'étuve.

J'ai senti, en l'ouvrant, une odeur assez forte, et j'ai vu à travers le vase que les copeaux avoient changé de couleur; mais jamais je n'ai remarqué qu'une partie de l'étuve ait été rougie par la chaleur, bien qu'elle fût construite en feuilles assez minces de tôle. La température de l'étuve m'a paru plus basse que celle d'un four de boulanger quand on y met le pain.

A neuf heures du soir, j'ai cessé de chauffer

---

(1) Cette étuve est placée dans un massif de maçonnerie construit en briques. Elle est d'une forme oblonge, quadrangulaire; elle a 20 pouces de long, sur 12 de large; ses côtés portent 6 pouces de haut; mais sa partie supérieure, autrement son plafond, est bombée, de sorte que l'étuve a neuf pouces et demi de profondeur au milieu.

l'étuve, et je l'ai laissée fermée jusqu'à neuf heures du lendemain matin, et pour lors j'ai retiré le vase pour l'examiner de plus près, et pour examiner et peser les copeaux.

A certaines marques empreintes sur le plateau de verre dont je m'étois servi pour fermer le vase, je m'aperçus qu'il avoit été soulevé un peu d'un côté, à plusieurs reprises, par quelque fluide élastique qui s'étoit échappé pendant l'expérience, en laissant sur le plateau des taches dont les traces indiquoient les diverses directions que ce fluide avoit prises en sortant.

Toute la surface intérieure du vase, et la partie inférieure du plateau qui avoit servi à le couvrir, se trouvoient enduites d'une couche jaunâtre : le verre en étoit obscurci.

J'essayai de nettoyer le plateau, en le lavant d'abord avec de l'eau chaude, et ensuite avec de l'alkool chaud ; mais ni l'un ni l'autre de ces deux liquides n'attaqua sensiblement cette matière jaunâtre. L'éther sulphurique l'a dissoute, mais très-lentement. Des résultats de ces épreuves, j'ai été porté à regarder cette matière comme du *bitume*.

En examinant les copeaux, je trouvai que les plus minces étoient devenus d'une couleur noire très-foncée ; mais que ceux qui étoient environ six fois plus épais, avoient une couleur noire un peu moins foncée.

Les copeaux minces qui, en entrant dans l'étuve, avoient pesé 1,81 gramme, ne pesoient plus que 0,84 de gramme, de sorte qu'ils avoient perdu 53 pour cent de leur poids.

Les copeaux épais qui avoient pesé 10 grammes en entrant, ne pesèrent que 4,87 grammes en sortant; par conséquent, ils avoient perdu 51 pour cent de leur poids dans le cours de l'expérience.

Ayant remis les copeaux dans le vase et l'ayant couvert comme auparavant avec le plateau de verre, je l'ai placé de nouveau dans l'étuve le 6 janvier à 11 heures du matin, et j'ai chauffé l'étuve modérément pendant 12 heures, la laissant ensuite refroidir lentement pendant 12 heures.

Mais avant que de replacer les copeaux dans le vase, j'avois pesé le vase et son plateau de verre, ainsi que les copeaux. Voici les résultats de cette pesée.

Le poids du vase et du plateau avec leur couche de bitume, étoit de.	273,92 grammes.
Celui des copeaux épais de. .	4,87
Celui des copeaux minces de	0,84
Ensemble de. .	279,63 grammes.

Le 7 janvier, à 11 heures du matin, le vase fut retiré de l'étuve et pesé soigneusement avant que d'être ouvert, et je trouvai son poids de 279,01 grammes, y compris le poids de son plateau de verre.

Ainsi, dans cette seconde expérience, il y avoit eu une perte de poids très-légère, puisqu'elle ne montoit qu'à 0,62 de gramme.

Ayant ensuite examiné les copeaux, j'ai trouvé que les minces, qui la veille avoient pesé 0,84 de gramme, ne pesoient plus que 0,74 de gramme; par conséquent, ils avoient perdu 0,1 de gramme, dans cette expérience.

Les copeaux épais, qui la veille avoient pesé 4,87 grammes, ne pesoient plus que 4,02 gram.; ainsi, ils avoient perdu 0,85 de gramme.

Mais ce que j'ai rencontré de particulier dans cette seconde expérience, c'est qu'il s'est trouvé plus de perte dans le poids des copeaux seuls, que dans celui de tout l'appareil pesé avec les copeaux.

Les copeaux minces avoient perdu.	0,10 de gramme.
Et les copeaux épais. . . .	0,85 de gramme.
Total. . . .	0,95 de gramme.
Tandis que la pesanteur du vase, du plateau de verre et des copeaux pris ensemble, n'avoit diminué que de.	0 62 de gramme.
Différence. . .	0,33 de gramme.

Comme la couche jaunâtre dont le vase étoit obscurci avoit acquis dans cette expérience une couleur sensiblement plus foncée, je soupçonnai d'abord que je trouverois moyen d'expliquer d'une manière satisfaisante cette différence de poids.

Le vase et le plateau de verre avoient pesé, le 6 janvier. . . . . 273,92 grammes.

Ils ont pesé le lendemain. . 274,25 grammes.

Donc, pendant l'expérience, ils avoient augmenté en poids de . . . . 0,33 de gramme.

Examinons maintenant l'état des copeaux.

Les minces qui, au commencement de l'expérience du 5 janvier, et avant d'entrer dans l'étuve pour la première fois, pesoient 1,81 gramme, n'ont plus pesé que 0,74 de gramme quand ils en sont sortis le 7 janvier; ainsi, ils ont perdu 59 $\frac{1}{10}$, ou plus exactement 59,116 pour cent de leur poids en 48 heures de séjour dans l'étuve; et comme la perte de poids qu'ils ont éprouvée dans les dernières 24 heures a été trop petite pour qu'on ne doive pas les regarder comme du charbon parfait, il paroît, d'après cette expérience, que 100 liv. de ce bois fournissent 40,88 liv. de charbon.

Les copeaux épais qui, avant d'aller à l'étuve

pour la première fois, pesoient 10 grammes, n'ont plus pesé que 4,02 grammes dans l'état de charbon; par conséquent 100 livres de ce bois doivent fournir 40,02 livres de charbon.

Pour étudier les phènomènes de la décomposition du charbon par une combustion sourde, j'ai fait l'expérience suivante.

Ayant versé 1 gramme d'eau distillée dans le vase, j'y ai replacé les deux portions de copeaux convertis en charbon parfait, les plus épais en bas, et les plus minces en haut. Je couvris le vase de son plateau de verre; et après avoir chargé le plateau d'un carreau de terre cuite, je remis le vase à l'étuve le 7 janvier 1812, à 11 heures du matin, et je fis chauffer l'étuve comme à l'ordinaire.

Le lendemain 8 janvier, à 11 heures du matin, le vase fut retiré de l'étuve. Les copeaux minces qui, avant d'y entrer, avoient pesé 0,74 de gram., n'ont plus pesé en sortant que 0,64 de gramme; par conséquent, ils avoient perdu 0,10 de gramme, ce qui fait 13 $\frac{1}{2}$ pour cent du poids de la veille.

Les copeaux épais, qui pesoient 4,02 grammes quand je les remis dans le vase, n'avoient plus qu'une pesanteur de 3,98 grammes; par conséquent, ils n'avoient perdu que 0,04 de gramme, ce qui n'est qu'environ 1 pour cent du poids qu'ils avoient la veille en entrant dans l'étuve.

Nous venons de voir que la perte des copeaux minces a été de 13 $\frac{1}{2}$ pour cent.

J'avois prévu ce résultat ; je l'avois même préparé, en plaçant les copeaux épais au fond du vase, afin qu'étant inondés et submergés par la première portion de gaz acide carbonique que devoit produire la combustion sourde d'une partie des copeaux minces placés dans le haut du vase, les copeaux épais, (devenus charbon parfait, ainsi que les copeaux minces), fussent mis à couvert et sauvés de la combustion.

Comme la petite quantité de charbon qui a disparu dans cette expérience, = 0,14 de gramme, a dû être unie à l'oxygène pour former du gaz acide carbonique, il faut tâcher de savoir d'où cet oxigène est venu. Il est certain qu'il n'est pas arrivé du dehors, puisque le vase étoit bien fermé par son plateau de verre. Il doit donc avoir été fourni ou par l'air atmosphérique renfermé dans le vase avec le charbon des copeaux, ou par l'eau que j'avois mise exprès dans le vase pour en fournir.

Voyons premièrement si l'air atmosphérique enfermé dans le vase a pu le fournir.

Comme 100 parties de gaz acide carbonique sont composées de 28 parties en poids de carbone, unies à 72 parties d'oxygène; pour les 0,14 de gramme de charbon qui ont disparu dans l'expérience, il a fallu 0,36 de gramme d'oxygène, c'est-à-dire près de 15 pouces cubes de ce gaz; mais la capacité du vase n'étant que de 11 pouces cubes environ, il est évident que l'air atmosphérique qu'il tenoit enfermé, n'a pu fournir qu'une très-petite portion de l'oxygène qui a été employé.

C'est donc l'eau qui l'a donné, et il est probable que beaucoup plus de charbon auroit disparu, si le gaz acide carbonique provenant de la décomposition du charbon au commencement de l'opération, n'avoit pas mis obstacle à la continuation du procédé.

La partie de l'eau qui n'a pas été décomposée par le charbon, s'est échappée en vapeur en soulevant momentanément le plateau de verre qui fermoit le vase, entraînant avec elle sans doute une portion de l'acide carbonique formé dans cette expérience.

C'est un fait connu depuis long-temps, que la vapeur de l'eau est décomposée en passant à travers des charbons ardents. Je ne sâche pas qu'on ait soupçonné jusqu'à présent que cette vapeur pût être décomposée par une chaleur moins intense que celle de l'incandescence (1).

Qui peut dire cependant quelle a été la température des molécules de charbon qui ont opéré la décomposition de l'eau, dans l'expérience dont je viens de rendre compte ?

Tout le monde sait que la vapeur de l'eau est décomposée en traversant un tuyau de fer rougi par le feu ; on n'ignore pas non plus que l'eau est aussi décomposée, quoique plus lentement, par le fer, à la température ordinaire de l'atmosphère.

Peut-on croire qu'une opération chimique, telle que la décomposition de l'eau par le fer ou par le charbon, puisse s'accomplir à deux températures différentes ?

Peut-on croire qu'un métal quelconque soit susceptible d'être dissous par un acide, sans avoir été préalablement fondu par la chaleur, ou qu'un métal puisse être fondu à une température plus basse dans un cas que dans un autre ?

Ce n'est pas ici l'endroit de discuter ce sujet ;

---

(1) Ici finit le mémoire que j'ai lu à la séance de la première Classe de l'Institut, le 13 janvier 1813. Ce qui suit a été ajouté comme un supplément.

mais je me propose de l'examiner plus soigneusement dans une autre occasion.

Les expériences précédentes faites avec des copeaux de tilleul très-minces, et avec d'autres copeaux du même bois, environ six fois plus épais, m'ayant fait connoître que ces copeaux avoient tous été réduits en charbon à peu près dans le même espace de temps, j'en ai conclu que la carbonisation des bois est une opération qui *a lieu dans l'intérieur des bois*, et qu'elle ne dépend pas de l'action de l'air extérieur sur la surface du bois. C'est sans doute par cette raison qu'un gros bloc de bois qu'on réduit en charbon, est aussi parfaitement carbonisé à son centre qu'à sa surface. Ce fait m'a paru extraordinaire, et annonce, ce me semble, que le bois est plus poreux qu'on ne l'a cru jusqu'à présent.

J'ai été pourtant curieux d'examiner si un gros morceau de bois n'est pas plus long-temps à se carboniser qu'un petit morceau, quand l'intensité de la chaleur reste la même.

Pour donner en moins de mots possible les détails et les résultats de cette recherche, je placerai ici la copie de la feuille de mon registre d'expériences, telle que je l'ai écrite dans le temps que j'ai fait celle dont il va être question.

Progrès de la carbonisation de différens morceaux de la même planche de bois de SAPIN *très-sec, mis à l'étuve quatre fois consécutives, à commencer du 8 janvier* 1812.

DESCRIPTION DES MORCEAUX.	Poids du bois allant au four pour la première fois.	Poids du charbon le 11 janvier.	Le pour cent du bois en charbon.
	gram.	gram.	pour cent.
1 cube de bois d'un pouce......	10.18	3.81	38.298
Les $\frac{3}{4}$ d'un pouce cube..........	7.38	2.83	38.346
La $\frac{1}{2}$ d'un pouce cube..........	5.06	1.90	37.557
Le $\frac{1}{4}$ d'un pouce cube..........	2.57	1.00	38.910
22 copeaux minces, roulés comme des rubans et mis au fond du vase..	5.00	1.98	39.600
Un Paquet des mêmes copeaux minces, mis dans le haut du vase...	7.70	3.09	40.130*

Tous ces morceaux de bois se trouvèrent dans l'état de charbon parfait, lorsque je les mis à l'é-

(1) Les copeaux de sapin ont paru fournir, à proportion de leur poids, plus de charbon que le même bois en bloc. Cela vient, sans doute, de ce que ces copeaux s'étant trouvés plus secs que le bois en bloc, lorsque je les ai pesés avant de les mettre dans l'étuve, ils ont contenu, sous un même poids, plus de substance ligneuse et moins d'eau que ce bois en gros morceaux.

tuve pour la dernière fois, le matin du 11 janvier, comme je l'appris le lendemain par le poids du charbon, qui n'avoit pas changé sensiblement dans cette dernière expérience.

Ce charbon de sapin m'a paru moins combustible que le charbon des bois durs. Les rubans étant allumés ne continuèrent pas à brûler seuls, comme ceux des autres bois. Le progrès de la carbonisation de ce bois de sapin a paru être aussi rapide dans les plus gros morceaux, que dans les copeaux minces.

Voulant suivre les progrès de la carbonisation avec une chaleur encore plus foible que celle que j'avois employée jusqu'alors, j'ai entrepris les expériences suivantes.

Je me suis procuré, dans le magasin d'un menuisier, des morceaux *de chêne*, *de hêtre* et *d'érable* très-secs. Je les ai fait réduire en copeaux très-minces, de 6 lignes de large sur $\frac{1}{20}$ de ligne d'épaisseur.

Les ayant fait sécher pendant huit jours, au mois de janvier, dans une chambre chauffée constamment par un bon poêle, je pris 10 grammes de copeaux de chaque espèce de bois, que je mis dans un vase cylindrique de verre, d'un pouce 4 lignes de diamètre, sur 6 pouces de hauteur, fermé hermétiquement avec un plateau épais de verre, chargé d'une demi-brique pesant 640 grammes.

Les trois vases, contenant chacun son espèce de bois particulière, furent introduits dans l'étuve en même temps. L'expérience dura six jours, et chaque jour (le matin), je retirai les vases pour les peser.

Voici la marche et les résultats de ces expériences :

ESPÈCE de BOIS.	POIDS DES COPEAUX. Premier jour, lorsqu'ils ont été mis à l'étuve.	Deuxième jour, ayant été modérément chauffés.	Troisième jour, ayant été moins chauffés.	Quatrième jour, ayant été peu chauffés.	Cinquième jour, ayant été très-peu chauffés.	Sixième jour, ayant été plus fortement chauffés.	PRODUIT en charbon fait pour cent du poids du bois.
	gram.	gram	gram	gram	gram	gram.	grammes.
CHÊNE..	10	8.20	5.67	4.88	4.82	41.1	41.1
HÊTRE..	10	8.82	5.48	5.44	5.17	38.8	38.8
ÉRABLE.	10	8.66	5.56	5.29	5.07	3[illegible].8	37.8

Ces trois espèces de charbon m'ont paru également parfaites, également inflammables. Un des copeaux étant allumé, continua de brûler seul sans s'éteindre, et sans être soufflé; mais le progrès de cette combustion fut extrêmement lent. Jamais je n'ai pu réussir à faire brûler ce charbon avec flamme, même en le soufflant, quand la carbonisation du bois étoit achevée ; mais, tant qu'elle a été incomplète, le copeau, bien que d'une couleur décidément noire, a toujours brûlé avec une flamme plus ou moins grande.

Etoit-ce du gaz hydrogène, ou du gaz oxide de carbone qui a brûlé dans ces cas ?

Quoique je ne m'arrête point ici à discuter cette question, elle n'en mérite pas moins qu'on l'examine avec le plus grand soin.

Comme il m'a paru très-intéressant pour la science de savoir si tous les bois, exposés au même degré de chaleur, *commencent en même temps à être décomposés*, j'ai essayé de résoudre cette question par les expériences suivantes.

J'ai mis à l'étuve, dans de petits vases de verre hermétiquement fermés avec leurs plateaux de verre, des quantités données de minces copeaux des six espèces de bois ci-après ; savoir : *de peuplier d'Italie, de tilleul, de sapin, de bouleau, d'orme et de chêne*.

Ces vases ayant été introduits ensemble dans l'étuve, je la fis chauffer d'abord très-modérément, afin de sécher les bois parfaitement sans les décomposer ; et j'ai ensuite augmenté peu à peu la chaleur, ayant soin de regarder souvent dans l'étuve, afin de saisir le moment où les bois commenceroient à changer de couleur.

Ce moment arrivé, je me hatai de retirer de l'étuve tous les vases, et en regardant à la lumière les copeaux au travers des vases, je vis qu'un changement de couleur s'étoit déjà manifesté dans toutes les six espèces de bois. Il est vrai que ce changement n'étoit presque pas perceptible aux yeux ; les vases étoient encore aussi propres et aussi transparents qu'au moment où je les avois mis dans l'étuve; mais, en soulevant les plateaux de verre qui couvroient les vases, on avoit une preuve bien sensible que la décomposition du bois avoit commencé.

Il sortit des vases une odeur de fumée des plus fortes et des plus désagréables.

J'avois fait mes dispositions pour déterminer la perte de poids que chaque espèce de bois doit supporter en séchant, pour arriver au point où le bois se trouve disposé à être décomposé par la chaleur.

Afin de laisser prendre aux copeaux le même degré de sécheresse, ou plutôt d'humidité, avant de les placer dans l'étuve, je les avois exposés pendant 6 jours à l'air froid d'une grande chambre où la température étoit celle de 45°. à 46°. F.; et ils ont été pesés soigneusement avant que d'être mis dans les vases de verre. Ils ont été pesés une seconde fois en sortant de l'étuve, à la fin de l'expérience, et pendant qu'ils étoient encore chauds.

Voici leurs poids dans ces deux situations :

ESPÈCE DE BOIS.	POIDS sortant de l'air froid d'une grande chambre en hiver.	POIDS au moment où ils ont commencé à être décomposés par la chaleur.
	parties.	parties.
PEUPLIER D'ITALIE.	100	80.45
TILLEUL.........	100	82,50
SAPIN...........	100	82.46
BOULEAU.........	100	80.60
ORME...........	100	81.90
CHÊNE...........	100	81.44

Il paroît, d'après les résultats de ces expériences, que tous les bois, quand ils ont été séchés préalablement, commencent à être décomposés par la chaleur à la même température ; d'où on peut conclure que la substance décomposée, lorsqu'on carbonise le bois, est identique, ou la même dans toutes les espèces de bois.

Il paroît aussi que les bois, pris dans leur état de sécheresse habituel en hiver, dans nos climats, quand il ne gèle pas, et exposés à l'action de la chaleur, commencent à se décomposer aussitôt qu'ils ont perdu 18 à 20 pour cent de leur poids en séchant ; et il est très-probable que cette perte consiste entièrement en eau non-combinée.

Je n'ai pas encore pu déterminer avec précision *la température* à laquelle les bois commencent à être décomposés ; mais il n'y a nul doute que cette température ne soit *invariable ;* et je crois qu'elle est plus basse qu'on ne l'a imaginé : elle est plus haute que celle de l'eau bouillante de plus de 100 degrés de l'échelle du thermomètre de Fahrenheit ; mais j'ai trouvé qu'elle est plus basse que celle à laquelle les huiles grasses viennent en ébullition. Comme il n'est nullement difficile de déterminer cette température, et même avec toute la précision que l'on pourroit désirer, ce fait ne peut pas tarder à être connu.

J'ai eu tant d'autres objets à suivre dans mes recherches, que je n'ai pas encore eu du temps à donner à celui-là ; mais j'espère qu'il se trouvera quelque personne qui voudra s'en occuper.

Quelle que soit la *température* à laquelle le bois sec se trouve *disposé* à être décomposé, il est parfaitement prouvé par les résultats de mes expériences, ainsi que par un grand nombre de faits connus depuis long-temps, que pour *achever* la décomposition d'une quantité considérable de bois, de manière à en retirer le charbon, il est nécessaire d'employer beaucoup de chaleur, ou une chaleur modérée, continuée quelque temps.

Dans le cas où une partie du bois brûle, cette chaleur est fournie par cette combustion; mais lorsque le bois qui est carbonisé ne brûle pas, toute la chaleur nécessaire dans cette opération, doit être fournie du dehors, par les corps environnans; et dans ce cas, la rapidité de la décomposition du bois, dépendra de la facilité avec laquelle les corps environnans peuvent remplacer la chaleur employée continuellement dans cette opération.

Pour fondre, en peu de temps, un morceau de glace d'un volume considérable, il ne suffit pas de le chauffer au point où il est disposé à reprendre l'état de fluidité, et de l'environner de corps dont la température soit un peu plus élevée que celle où l'eau congelée tend à redevenir liquide. Ce morceau de glace commencera bien à fondre à l'instant où il se trouvera dans une semblable situation; mais l'opération sera extrêmement lente, si les corps environnans n'ont qu'un peu de chaleur à lui communiquer.

Dans les expériences dont j'ai rendu compte, (page 33), et qui ont été faites à l'aide d'un feu très-modéré, les copeaux de chêne, de hêtre et d'érable que j'ai carbonisés, ont été soumis plusieurs jours à une température assez haute pour amener le bois à l'état où il se trouvoit *disposé* à être décomposé ; mais comme les corps environnans n'ont pu fournir aux copeaux que peu de chaleur, pour remplacer celle employée continuellement dans le progrès de la carbonisation, cette opération a duré plusieurs jours.

Comme il est évident que beaucoup de chaleur est nécessaire dans le procédé de la carbonisation du bois, pour effectuer la décomposition des parties du bois qui sont expulsées dans cette opération, il m'a toujours paru impossible que le charbon provenant d'une quantité donnée de bois, puisse fournir, dans sa combustion, autant de chaleur que la même quantité de la même espèce de bois pourroit en donner, étant brûlée comme bois.

J'aurai, dans la suite, occasion de revenir sur ce sujet qui, assurément, est fort intéressant, à plusieurs égards.

RECHERCHES

SUR

La *structure des Bois*; la gravité spécifique de leurs parties solides, et les quantités de liquides et de fluides élastiques qu'ils contiennent dans différentes circonstances; sur les quantités de *charbon* qu'ils peuvent fournir, et les quantités de *chaleur* qui sont développées dans leur *combustion*;

Lues à la Séance de la première Classe de l'Institut impérial de France, du 28 septembre et à celle du 5 octobre 1812.

Depuis *Grew* et *Malpighi*, on a fait peu de recherches suivies sur la structure des bois. La Botanique a fait de grands progrès; et le zèle infatigable des naturalistes qui ont parcouru le monde de nos jours, nous a fait connoître un nombre étonnant de plantes dites nouvelles, inconnues jadis en Europe, et qui ont rempli nos jardins et nos appartemens d'une profusion de belles fleurs; mais la science de l'économie végétale est peu avancée.

On dispute encore sur la circulation de la sève dans les plantes; et les causes de l'ascension de la sève sont très-imparfaitement connues.

On ne sait pas quelle est la gravité spécifique des parties solides qui forment la charpente des plantes; et on ignore, par conséquent, les proportions de solides, de liquides, et de fluides élastiques qui composent une plante; et les variations qui ont lieu dans ces proportions dans les différentes saisons.

On sait que la charpente d'un arbre, reste et conserve sa forme primitive après que le bois a été transformé en charbon; mais on n'a pas expliqué cet étonnant phénomène; on y a fait peu d'attention.

Un vase formé de terre glaise, devient dur et cassant dans le four d'un potier; le vase se trouve rapetissé en sortant du four, mais sa forme n'est point changée.

Il n'y a rien dans ce phénomène qui soit difficile à expliquer. L'eau qui tenoit les particules de cette terre éloignées les unes des autres, et rendoit la glaise souple et flexible, ayant été dissipée par la chaleur du four, ces particules se rapprochent, et forment un corps dur et cassant ; mais *la terre* est toujours la même, avant et après l'opération.

N'est-il pas possible que le bois soit changé en charbon par une opération semblable ?

Ou le charbon se trouve tout formé dans le bois, ou le bois est décomposé, et le charbon est formé de ses élémens, ou d'une partie seulement de ses élémens ; mais n'est-il pas évidemment impossible que les élémens d'un corps solide soient dérangés de manière à les séparer entièrement les uns des autres, sans détruire la forme ou la figure du corps ?

On verra dans la suite de ce mémoire, que la gravité spécifique des parties solides d'un bois quelconque, est bien près d'être la même que celle du charbon qu'on en retire ; et cette circonstance est très-propre, sans doute, à donner un certain degré de probabilité à l'hypothèse qui suppose ces deux substances identiques.

Mais ce n'est point de mes conjectures que je veux entretenir la Classe aujourd'hui ; c'est de mes expériences et de leurs résultats, que j'aurai l'honneur de lui parler.

Ce fut par une circonstance accidentelle, que j'ai été mené sur la voie de cette recherche sur la structure des bois. Occupé depuis long-temps de la chaleur, j'ai voulu déterminer les quantités de chaleur qui se manifestent dans la combustion de différentes espèces de bois; mais j'avois à peine commencé cette recherche, que j'ai appris que pour avoir des résultats satisfaisans de mes expériences, il étoit indispensablement nécessaire de mieux connoître les bois; et ce fut pour lors que j'ai commencé à les étudier (1).

J'ai cherché d'abord à déterminer la gravité spécifique des parties solides qui composent la charpente des bois, afin de pouvoir ensuite déterminer les quantités de sève, ou d'eau et d'air, que le bois contient dans différens états.

Ayant trouvé que des copeaux ou rubans très-minces de bois, remplis de sève, ou même trempés dans de l'eau, peuvent être séchés parfaitement en moins d'une heure, sans nuire au bois, dans une étuve tenue constamment chauffée à une température plus élevée que celle de l'eau bouillante d'environ 50 degrés de l'échelle de Fahrenheit (= 262°. F), c'est avec de pareils copeaux que j'ai opéré.

(1) Le temps que j'ai dû employer dans cette recherche sur la structure des bois, m'a forcé à différer si long-temps la lecture de la seconde partie du mémoire que j'ai eu l'honneur de présenter à la Classe, le 25 février de cette année (1812), sur la chaleur qui est développée dans la combustion.

§. Ier.

De la gravité spécifique des parties solides des bois.

Comme la texture du tilleul est très-fine et très-égale, c'est avec ce bois que j'ai commencé mes expériences. Ayant fait préparer une petite planchette de ce bois, bien sec, de 5 pouces de longueur, sur 6 lignes de largeur ; j'en fis détacher, avec un rabot bien aiguisé, une quantité de minces copeaux ; je les exposai pendant 8 jours, au mois de janvier, sur une table placée au milieu d'une grande chambre qui n'étoit point habitée, afin de leur laisser prendre, à l'air libre, l'état d'humidité qui leur étoit propre, comme corps hygrométriques, à la température qui régnoit dans la chambre, et qui étoit d'environ 46°. F.

De ces copeaux, je pris 10 grammes qui, étant mis dans une assiette de porcelaine, furent placés dans une grande étuve, construite en tôle, où ils furent exposés 2 heures à une chaleur constante d'environ 245°. F.

Pendant ce temps, je fis sortir les copeaux de l'étuve plusieurs fois, pour les peser, afin de voir la marche de leur desséchement ; et lorsque leur poids ne diminuoit plus, je mis fin à cette opération. Leur poids, étant séchés autant que possible, fut trouvé de 8,121 grammes.

J'avois appris, par des essais préparatoires de mon appareil, que lorsque l'étuve étoit trop chauffée, les copeaux changoient de couleur, et que pour lors il se répandoit toujours une odeur particulière, qui annonçoit cet événement d'une manière très-facile à apercevoir; mais en réglant le feu avec soin, on pouvoit éviter cet accident, et venir à bout de sécher complètement les copeaux, sans les détruire, et même sans les changer sensiblement.

J'ai conclu qu'ils n'avoient pas été changés, lorsqu'en les exposant de nouveau à l'air libre de l'atmosphère, j'ai trouvé qu'ils avoient regagné le même poids qu'ils avoient eu dans les mêmes circonstances avant que d'avoir été séchés à l'étuve.

Ayant le poids de mes copeaux pesés dans l'air, et dans un état de sécheresse que j'ai pu regarder comme parfait, je n'avois qu'à trouver le poids de ces mêmes copeaux dans l'eau, et avec tous leurs vaisseaux et pores complètement remplis de ce liquide, pour être en état de déterminer la gravité spécifique des parties solides de ce bois. C'est ce que je fis sans beaucoup de difficulté, de la manière suivante.

Ayant mis de l'eau de Seine, bien filtrée, dans un vase cylindrique de cuivre, de 10 pouces de diamètre, et 10 pouces de profondeur, placé sur un de mes réchauds portatifs de cuisine, je la fis bouillir quelque temps, pour expulser l'air qui se trouvoit dans l'eau ; je mis ensuite les copeaux dans cette eau bouillante, que je fis encore bouillir pendant une heure.

Les copeaux ne tardèrent guères à avoir leurs vaisseaux et pores tellement remplis d'eau, qui remplaça l'air qui en fut chassé, que le bois, plus pesant spécifiquement que l'eau, descendit au fond du vase, et y resta.

Après avoir ôté le vase de dessus le réchaud, j'ai laissé refroidir l'eau jusqu'à la température de 60°. F., et pour lors, plongeant mes deux mains dans ce liquide, j'ai fait entrer, sous l'eau, tous les copeaux dans un vase cylindrique de verre (d'un poids connu), qui fut suspendu dans l'eau, par un fil de soie attaché à un des bras d'une bonne balance hydrostatique.

Ayant pesé les copeaux dans le vase de verre, qui resta toujours submergé dans l'eau, leur poids fut trouvé égal à 2,651 grammes.

Comme ces copeaux, étant secs, ont pesé 8,121 grammes dans l'air ; et 2,651 grammes dans l'eau; ils ont perdu 5,47 grammes de leur poids dans l'eau ; par conséquent, ils ont déplacé 5,47 grammes d'eau ; et la gravité spécifique des parties solides de ce bois, doit être à celle de l'eau (à la température de 60°. F.), comme 8,121 à 5,47, ou comme 14846 à 100000.

On sera peut-être surpris de trouver que les parties solides d'un bois aussi léger que le tilleul, soient plus pesantes de près de moitié que l'eau, à volumes égaux; mais on sera encore plus surpris, sans doute, d'apprendre que la gravité spécifique des parties solides de toutes les espèces de bois, est si près d'être la même, qu'on pourroit être tenté de regarder la substance ligneuse comme *identique* dans tous les bois, comme la substance osseuse, qui forme la charpente des animaux, est identique.

M'étant procuré, du magasin d'un menuisier, du bois sec des huit espèces suivantes, savoir : de *Peuplier, Tilleul, Bouleau, Sapin, Érable, Hêtre, Orme* et *Chêne ;* j'en fis faire de petites planchettes de 5 pouces de longueur et 6 pouces d'épaisseur ; et je fis détacher, de chacune de ces planchettes, de minces copeaux que j'exposai à l'air pendant huit jours, au mois de janvier, dans une grande chambre où la température, qui varioit peu, étoit d'environ 40°. à 45°. F.

Ces copeaux ayant acquis le degré de sécheresse

habituel qui leur étoit propre dans les circonstances où ils se trouvoient, on en pesa 10 grammes de chaque espèce de bois, qu'on mit séparément sur des assiettes de porcelaine, et qu'on fit sécher complètement dans l'étuve.

En sortant de l'étuve, ces copeaux furent pesés de nouveau, et ensuite mis dans de l'eau bouillante pour expulser l'air de leurs pores, et pour les mouiller complètement.

Après avoir bouilli dans l'eau pendant une heure, ils sont restés submergés dans ce liquide jusqu'à ce qu'il ait été convenablement refroidi; et ayant été pesés ensuite dans l'eau, la gravité spécifique de leurs parties solides fut déterminée par le calcul, suivant la méthode ordinaire.

Dans la table suivante, on verra les détails et les résultats de cette recherche.

ESPÈCE de BOIS.	POIDS DES BOIS.			Gravité spécifique des parties solides du Bois.	Poids d'un pouce cube des parties solides du Bois.
	Exposé à l'air dans une chambre, en hiver.	Séché parfaitement dans une étuve.	Pesé dans de l'eau à 60°. F.		
	gram.	gram.	gram.	gram.	gram.
PEUPLIER.	10	8.045	2.629	14854	29.45
TILLEUL.	10	8.121	2.651	14846	29.40
BOULEAU.	10	8.062	2.632	14848	29.44
SAPIN....	10	8.247	2.601	14621	28.96
ERABLE...	10	8.137	2.563	14599	28.95
HÊTRE...	10	8.144	2.832	15284	30.30
ORME....	10	8.180	2.795	15186	30.11
CHÊNE....	10	8.336	2.905	15344	30.42
			EAU.....	10000	19.83

La pesanteur spécifique de la matière solide qui fait la charpente de ces bois, est si près d'être la même dans tous, qu'on pourroit peut-être trouver la cause des petites différences que les expériences nous ont données, sans être obligé de supposer que la substance ligneuse soit essentiellement différente dans les diverses espèces de bois.

Les charbons qu'on obtient des diverses espèces de bois, ne diffèrent pas sensiblement lorsqu'ils sont préparés avec soin; et tous les bois secs donnent à-peu-près les mêmes produits chimiques, lorsqu'ils sont traités de la même manière. Ce sont là, sans doute, de bonnes raisons pour soupçonner que la *substance ligneuse* des bois est *identique*. Mais, sans m'arrêter ici à discuter cette question, je tâcherai d'en éclaircir une autre qui n'est pas moins intéressante, et qui nous donnera des résultats plus satisfaisans.

§ II.

Des quantités de Sève et d'Air qui se trouvent dans les arbres et dans les bois secs.

Grew et Malpighi ont découvert, dans les plantes, des vaisseaux qu'ils ont soupçonné être destinés à contenir de l'air; et plusieurs physiologistes ont pensé que l'air qui se trouve enfermé dans les vaisseaux des plantes, et qui (au cas qu'il y soit véritablement enfermé) doit nécessairement réagir sur les vaisseaux voisins avec une force élastique aussi variable que la température à laquelle ce fluide élastique est exposé, pourroit bien contribuer à faire circuler la sève.

Il seroit fort intéressant, sans doute, de pouvoir déterminer avec précision le volume d'air que renferment les plantes dans les différentes saisons et dans différentes circonstances. En étudiant les variations qui ont lieu dans cette quantité d'air, et en les combinant avec d'autres phénomènes qui se présentent simultanément, on pourroit espérer de faire quelque découverte, à l'aide de laquelle on seroit en état d'éclaircir un peu la profonde obscurité dans laquelle cette partie de l'économie végétale est enveloppée.

La gravité spécifique des parties solides d'une plante étant connue, il est très-facile de déterminer, dans un cas quelconque, le volume d'air qui se trouve dans les vaisseaux et pores de la plante.

Un exemple rendra la chose parfaitement claire.

Un chêne, en parfaite santé et en pleine végétation, fut abattu le 6 septembre (1812), et un morceau cylindrique, de 6 pouces de long et un peu plus d'un pouce de diamètre, ayant été pris du milieu du tronc de ce jeune arbre, à trois pieds de la terre, ce morceau pesa, rempli de sève, 181,57 grammes.

Ayant plongé ce morceau de bois dans un vase cylindrique de verre, de 1 $\frac{1}{2}$ pouce de diamètre et de 6 $\frac{1}{4}$ pouces de hauteur, rempli d'eau, à la température de 62°. F., j'ai trouvé qu'il déplaçoit 188,57 grammes d'eau (1). De là j'ai pu conclure,

(1) Pour pouvoir déterminer et tenir compte de la quantité d'eau qui resta attachée à la surface du morceau de bois, au moment où il fut retiré du vase, ce morceau fut pesé de nouveau lorsqu'il sortit du vase, et pendant qu'il étoit encore tout mouillé. Comme on connoissoit le poids qu'il avoit lorsqu'il fut plongé dans l'eau contenue dans le vase, on savoit au juste, par l'augmentation de son poids, combien d'eau il avoit emporté.

Le vase étant vide pesoit 188,22 grammes ; et étant rempli d'eau à la température de 60°. F., il pesoit (avec ce liquide) 474,68 grammes ; ainsi, le vase contenoit 286,68 grammes d'eau. Lorsque le morceau de bois fut submergé dans l'eau, un petit plateau de verre, d'environ deux pouces de diamètre et de deux lignes d'épaisseur, usé à l'emeri sur les rebords du vase, de manière à le fermer hermétiquement, fut employé pour couvrir le vase, et enfermer le morceau de bois dans le vase, avec l'eau qui y restoit encore, pendant qu'on essuyoit le vase en dehors avec du linge sec.

Le vase ayant été bien essuyé en dehors, le plateau circulaire de verre qui le fermoit fut retiré avec soin, et le moravec certitude, que ce morceau de chêne, rempli de sève, avoit un volume égal à 9,5093 pouces cubes, et une gravité spécifique de 96515, et par conséquent qu'un pouce cube de ce bois pesoit 19,134 grammes.

Ayant fait réduire ce morceau de bois à une planchette de 6 lignes d'épaisseur, j'en fis détacher 40 copeaux très-minces, qui pesèrent 19,9 grammes.

Ces copeaux ayant été séchés parfaitement dans l'étuve, à une température de 262°. F., ils ont pesé 12,45 grammes.

Des résultats de cette expérience, il est évident que le bois en question étant rempli de sève, étoit composé de 12,45 parties ligneuses, et 7,45 parties d'eau, ou de sève qui a presque la même gravité spécifique que l'eau.

Maintenant, comme 1 pouce cube de ce bois pesoit 19,134 grammes, il est bien certain qu'il étoit composé de 11,971 grammes de parties ligneuses, (et par conséquent solides), et de 7,163 grammes de sève.

Mais nous avons vu, par les résultats des expériences dont j'ai déjà rendu compte dans ce mé-

ceau de bois ayant été retiré aussi, le vase, avec l'eau qui s'y trouvoit encore, furent pesés ensemble ; et de ce poids, on a conclu la quantité d'eau que le bois avoit déplacée.

moire (1), qu'un pouce cube des parties solides du bois de chêne, pèse 30,42 grammes ; par conséquent, les 11,971 grammes de parties solides qui se trouvoient dans 1 pouce cube de ce bois, lorsque l'arbre étoit vivant, ne pouvoient avoir un volume plus grand que..... 0,39353 de pouc. cub.

Comme 1 pouce cube d'eau pèse 19,83 grammes; les 7,163 grammes de sève qui se trouvoient dans 1 pouce cube de ce bois, devoient avoir occupé un volume égal à.....	0,36122
Par conséquent, il y avoit dans 1 pouce cube du bois en question, une quantité d'air d'un volume égal à........	0,24525
Faisant ensemble....	1 pouce cube.

Nous voyons, par ces résultats, qu'un jeune chêne en pleine végétation, au commencement du mois de septembre, lorsque le bois paroissoit tout inondé de sève, contenoit pourtant un quart environ de son volume d'air, et que ses parties ligneuses solides ne faisoient pas tout à fait $\frac{4}{10}$ de son

(1) Voyez la table, page 49.

volume. Mais nous verrons tout à l'heure que les bois légers contiennent encore moins de parties ligneuses et plus d'air que le chêne.

Un jeune *peuplier d'Italie*, du diamètre de 3 pouces, mesuré à 2 pieds au-dessus de la terre, fut abattu le 6 septembre, pendant que l'arbre paroissoit être en pleine végétation. La gravité spécifique du bois, pris du milieu du tronc de cet arbre, fut trouvée de 57946; par conséquent, 1 pouce cube de ce bois pesoit 11,49 grammes.

On détacha d'un morceau de ce bois, (qui paroissoit rempli de sève), 40 copeaux minces, de 6 pouces de longueur, sur 6 lignes de largeur. Le bois employé à former ces copeaux, pesa 12,37 gram., et les copeaux parfaitement séchés à l'étuve, pesèrent 7,5 grammes (1).

---

(1) Comme la chaleur excitée par le rabot, en détachant ces copeaux du morceau de bois, fut assez considérable pour vaporiser une quantité très-sensible de la sève qui appartenoit au bois dont ces copeaux étoient formés, les copeaux furent sensiblement séchés dans cette opération. J'ai trouvé que 40 minces copeaux avoient perdu quelquefois plus d'un gramme (environ le douzième de leur poids) en moins d'une minute.

Pour avoir leur véritable poids, dans l'état où ils se trouvoient lorsqu'ils faisoient partie du morceau de bois, on a eu la précaution de peser, le moment d'avant l'opération, et en-

Delà on peut conclure qu'un pouce cube de ce bois, dans l'état où il se trouvoit dans l'arbre encore vivant, contenoit 7,1531 grammes de parties ligneuses, qui formoient la charpente du bois, et 4,3369 grammes de sève, qui différoit très-peu, quant à sa gravité spécifique, d'avec l'eau pure.

Comme 1 pouce cube des parties solides de cette espèce de bois, pèse 29,45 grammes (voyez la table précédente), les 7,1531 grammes de parties ligneuses qui se trouvèrent dans un pouce cube du tronc de l'arbre vivant au mois de septembre, ne pouvoient avoir occupé plus d'espace que

	0,24289 de pouc. cub.
Et les 4,3369 grammes de sève qu'il contenoit, que....	0,21880
Par conséquent, il y avoit, dans 1 pouce cube de ce bois, un volume d'air égal à......	0,53831
Total..........	1 pouce cube.

La différence qu'il y a dans la structure du chêne et du peuplier, deviendra très-sensible en compa-

---

core le moment d'après, le morceau de bois d'où ils avoient été tirés. La différence du poids du morceau de bois dans ces deux situations, indique le poids qu'il a fallu donner aux copeaux, et qu'on leur a toujours attribué.

rant de la manière suivante les parties constituantes de ces deux espèces de bois, lorsqu'ils sont l'un et l'autre en pleine végétation.

Un pouce cube du bois est composé ;

SAVOIR :

	de parties ligneuses.	de sève.	d'air.
Le chêne....	0,39353...	0,36122...	0,24525
Le peuplier..	0,24289...	0,21880...	0,53831

Cette différence remarquable dans la proportion de substance ligneuse, de sève et d'air, qui se trouve dans ces deux espèces de bois, suffit pour expliquer la différence qu'on trouve dans leur poids et dans leur dureté ; mais cette recherche mènera probablement à d'autres découvertes d'une utilité plus générale dans l'étude de l'économie végétale.

§. III.

Des quantités relatives de sève et d'air qui se trouvent dans le même arbre, en hiver et en été, et dans différentes parties du même arbre en même temps.

Pour voir la différence entre les quantités de sève et d'air qui se trouvent, en hiver et en été, dans le bois qui compose le tronc d'un grand arbre ; je fis les expériences suivantes :

Je fis abattre, le 20 janvier 1812, un tilleul de 25 à 30 ans, qui se trouvoit, avec beaucoup d'autres du même âge, dans mon jardin à Auteuil. Ayant fait détacher un morceau de bois du milieu du tronc de cet arbre, à trois pieds de terre, il paroissoit rempli et comme inondé de sève. Sa gravité spécifique fut de 76617; par conséquent, 1 pouce cube de ce bois pesoit 15,788 grammes.

Ayant fait détacher de ce morceau de bois 10 grammes de minces copeaux, je les ai séchés parfaitement à l'étuve, et leur poids fut réduit à 4,72 grammes.

Connoissant la gravité spécifique des parties solides de ce bois, il m'a été facile, à l'aide de ces données, de déterminer les parties constituantes d'un pouce cube de ce bois, que j'ai trouvées être :

De parties ligneuses...	0,25353 de pouce cube.
De sève.............	0,44549
Et d'air.............	0,30098
Total...	1 pouce cube.

Le 8 septembre de la même année (1812), j'ai fait détacher un morceau de bois (= 5,84 pouces cubes) du tronc d'un autre tilleul semblable, de 25 à 30 ans, à 3 pieds de la terre. L'arbre étoit en pleine végétation, et le morceau de bois que j'en fis détacher, après avoir été bien dressé par un menuisier, pesoit 87,8 grammes, et déplaçoit 115,8 grammes d'eau à la température de 62°. F. par conséquent, sa gravité spécifique étoit 75820. Au mois de janvier, la gravité spécifique de cette même espèce de bois avoit été trouvée de 79617.

Ayant fait détacher de ce morceau de bois (pris de l'arbre le 8 septembre) 14,19 gr. de minces copeaux; ces copeaux, après avoir été parfaitement séchés à l'étuve, ne pesèrent que 7,35 gr. Cela donne pour les parties constituantes d'un pouce cube de ce bois,

En parties ligneuses....	0,26489	de pouce cube.
En sève..............	0,36546	
En air...............	0,36965	
Total...	1 pouce cube.	

D'après les résultats de ces deux expériences, on pourroit conclure que le tronc d'un arbre contient plus de sève en hiver qu'en été, et plus d'air en été qu'en hiver; mais voici des expériences qui prouvent que la sève est très-inégalement distribuée dans les différentes parties du même arbre dans la même saison.

Ayant fait couper, le 8 septembre, une branche de 3 pouces de diamètre, du même tilleul dont je viens de parler, et qui sortoit du tronc de l'arbre à la hauteur de 10 pieds au-dessus de la surface de la terre, je fis toutes les recherches nécessaires pour pouvoir déterminer les parties constituantes d'un morceau de bois que je fis détacher de la partie inférieure de cette branche.

Sa gravité spécifique se trouva 70201. Je venois de trouver, le même jour, que la gravité spécifique d'un morceau du tronc du même arbre étoit 75820.

Si cette différence m'a surpris, je l'ai été bien davantage en trouvant que du bois de 3 ans, détaché de l'*extrémité supérieure* de cette même branche, où elle n'avoit qu'un pouce de diamètre, avoit une gravité spécifique de 85240.

Il y avoit donc beaucoup plus de sève et moins d'air dans le bois qui composoit la *partie supérieure* de la branche, que dans les *parties inférieures* de la branche, plus près du tronc de l'arbre.

J'ai examiné ensuite les pousses de l'année de ce même arbre, et de plusieurs autres différentes espèces de bois; et j'ai trouvé constamment que la gravité spécifique du jeune bois, c'est-à-dire, de celui de l'année, est toujours considérablement plus grande que celle de la même espèce de bois lorsqu'il est plus âgé. C'est sans doute parce qu'il contient plus de sève et moins d'air que le bois vieux.

En faisant des expériences pour déterminer la gravité spécifique du bois de l'année, il est indispensablement nécessaire de tenir compte de l'espace qui est occupé par la moelle; car, sans cette précaution, on auroit des conclusions fausses.

J'ai trouvé que la gravité spécifique du chêne de l'année étoit 11653o, *et celle de l'orme de l'année* 10648o ; aussi les jeunes pousses de ces arbres, privées de leur écorce et moelle, descendent dans l'eau très-rapidement, pendant que des morceaux de ces mêmes arbres surnagent, lorsque le bois est plus âgé, même quand le bois est vert et le plus rempli de sève. (1)

Ce fait me paroît digne de toute l'attention de ceux qui s'occupent de la physiologie végétale.

J'ai été curieux d'examiner *la racine* du tilleul qui m'avoit déjà fourni un morceau de bois de son tronc, et deux d'une de ses branches, pour mes expériences.

Ayant fait découvrir (le 8 septembre 1812) une de ses racines qui avoit environ 2 pouces de dia-

---

(1) J'ai trouvé pourtant dans la suite que le *cœur de l'orme*, lorsque ce bois est jeune et en pleine végétation, est tellement rempli de sève, qu'il a la gravité spécifique de 11054o, par conséquent, il doit descendre très-rapidement dans l'eau; lorsqu'étant privé de son écorce il est plongé dans ce liquide.

mètre, j'en fis détacher un morceau qui pesoit 93,25 grammes, et qui déplaçoit 115,8 grammes d'eau. Sa gravité spécifique étoit 80527, et par conséquent plus grande que celle du bois tiré le même jour du tronc du même arbre, mais plus petite que celle du bois tiré de l'extrémité supérieure d'une de ses branches.

20,48 grammes de minces copeaux détachés de ce morceau de racine de tilleul, ne pesèrent que 10,85 grammes, après avoir été complètement séchés à l'étuve.

De ces données, j'ai déterminé les parties constituantes d'un pouce cube de cette racine. Les voici :

De parties ligneuses...	0,28775 de pouce cube.
De sève	0,37358
Et d'air.............	0,33867
	1,00000

Les parties constituantes d'un pouce cube du tronc de ce même arbre, étoient :

De parties ligneuses....	0,26489 de pouce cube.
De sève..............	0,36546
Et d'air..............	0,36965
	1,00000

Les parties constituantes d'un pouce cube du bois de ce même arbre, pris le même jour de la partie inférieure d'une branche, étoient :

De parties ligneuses... 0,25713 de pouce cube.
De sève 0,25713
Et d'air 0,46774

1,00000

Et finalement, les parties constituantes d'un pouce cube de bois pris près l'extrémité supérieure de cette même branche, étoient :

De parties ligneuses . . 0,25388 de pouce cube.
De sève 0,47599
Et d'air 0,27013

1,00000

Pour pouvoir comparer plus facilement les résultats de ces quatre expériences, faites avec le bois de Tilleul, pris le même jour de différentes parties du même arbre, je les placerai ici ensemble.

	UN POUCE CUBE DU BOIS ÉTOIT COMPOSÉ		
	de parties ligneuses.	de sève.	d'air.
Un morceau de la racine	0.28775	0.37358	0.33867
Un morceau du tronc de l'arbre	0.26489	0.36543	0.36956
Un morceau de la partie inférieure d'une branche	0.25713	0.27513	0.46774
Un morceau de la partie supérieure de la branche	0.25388	0.47599	0.27013
Du bois pris du tronc d'un tilleul du même âge, le 20 janvier	0.25353	0.44549	0.30098

J'ai été curieux de voir s'il y a une différence assez considérable pour être appréciée, entre le bois du cœur et celui de l'aubier, d'un même tronc d'arbre. Pour décider cette question, j'ai pris, le 11 septembre, un rondin d'orme, de 5 pouces de diamètre, provenant d'un grand arbre qui avoit été abattu le 20 avril de la même année, et j'en fis former deux morceaux cylindriques, chacun de six pouces de longueur ; l'un pris du cœur de ce bois, et qui fut le plus gros, pesoit 191,05 grammes et déplaçoit 194,45 grammes d'eau ; l'autre, qui fut pris de l'aubier, pesoit 93,61 grammes, et déplaçoit 111,45 grammes d'eau.'.

La gravité spécifique du bois du cœur, étoit donc 98251, et celle de l'aubier 81764 ; mais comme le rondin avoit été exposé aux pluies tout l'été, le bois étoit loin d'être sec. J'ai été pourtant fort surpris de trouver le cœur de ce bois tellement chargé de sève ou d'eau. De ce fait, on pourroit soupçonner que la sève, dans les arbres, n'est pas enfermée dans des vaisseaux ou tuyaux à parois imperméables à ce liquide, et qu'une partie de la de la sève de l'aubier s'étoit retirée dans le cœur de ce bois.

Afin de mieux connoître les bois en question, je fis détacher 40 copeaux, de six pouces de longueur et de six lignes de largeur, d'une planchette formée du cœur du bois, et un nombre égal de copeaux, des mêmes dimensions, pris d'une autre planchette, formée de l'aubier.

Les 40 copeaux du cœur, pesèrent 16,37 gram. avant que d'être séchés, et 10,53 grammes après avoir été parfaitement séchés à l'étuve.

Les 40 copeaux de l'aubier pesèrent 16,97 gram. avant que d'être séchés, et 11,99 grammes après avoir été séchés complètement.

Sachant la gravité spécifique des parties solides de cette espèce de bois, il m'a été facile, avec ces données, de déterminer les parties constituantes d'un pouce cube de ces bois : je les ai trouvées comme il suit :

	De parties ligneuses.		de sève.		d'air.
Dans le cœur de l'orme..	0,41622	—	0,35055	—	0,23223
Dans l'aubier	0,38934	—	0,23994	—	0,37072

D'après les résultats de ces recherches, il paroît que l'aubier de l'orme contient un peu moins de parties ligneuses dans sa charpente, que le cœur de ce même bois, et qu'il contient beaucoup moins de sève et plus d'air ; mais comme l'arbre avoit été abattu près de cinq mois, il est très-possible que l'aubier ait été beaucoup plus séché que le cœur de l'arbre.

J'ai eu l'intention de répéter ces expériences

avec du bois en pleine végétation, et avec du bois sec; mais d'autres occupations m'ont empêché de continuer cette recherche.

Comme elle ne peut pas manquer de mener à des résultats curieux, j'ose la recommander à ceux qui s'occupent de l'économie végétale, ainsi qu'à tous ceux qui aiment cette belle science, et qui ont du plaisir à soulever le voile qui cache les opérations mystérieuses de la nature.

L'objet particulier que j'avois en vue, en étudiant la structure des bois, m'oblige à suivre une route qui n'est pas celle qui promet d'être la plus fertile en découvertes intéressantes; mais je dois, avant toutes choses, finir un ouvrage déjà commencé. Ces recherches séduisantes m'ont déjà mené trop loin, et je dois les laisser aux autres, afin de pouvoir remplir mes engagemens. Je le fais de bon cœur, et j'aurai le plus grand plaisir à voir défricher un champ depuis trop long-temps négligé.

§. IV.

Nouvelles recherches faites pour éclaircir un phénomène remarquable (1).

La grande différence que j'ai trouvée entre les

(1) Cette section (qui n'est que le supplément de celle qui la précède) a été ajoutée depuis la première publication de cet ouvrage in-4°.

quantités de sève qui existent en même-temps dans différentes parties du même arbre, et entre celles qui se trouvent dans l'aubier et dans le cœur du même bloc de bois, ont tellement excité ma curiosité, que je n'ai pas pu résister au désir que cette decouverte m'a donné d'examiner la chose de plus près, et de chercher à découvrir la cause de ce singulier phénomène.

J'ai commencé cette nouvelle suite de recherches par examiner l'état du bois qui forme le cœur de l'orme, lorsque cet arbre est en pleine végétation.

Ayant fait abattre un jeune orme qui paroissoit être en parfaite santé, et qui se trouvoit en pleine végétation, j'ai trouvé que le cœur de cet arbre étoit tellement rempli de sève, que ce bois avoit une gravité spécifique de 110540, celle de l'eau étant 100000.

En jetant ce morceau de bois dans l'eau, il descendit dans ce liquide très-rapidement.

Pour voir si les vaisseaux de ce bois n'étoient pas sensiblement élargis et distendus par cette grande quantité de sève, je fis toutes les expériences nécessaires pour déterminer la quantité de bois sec qui se trouvoit dans 1 pouce cube de ce bois rempli de sève.

1 pouce cube de ce bois, dans l'état où il se

trouvoit dans l'arbre, pesa 20,901 grammes, et en séchant parfaitement une quantité connue de ce même bois en copeaux minces, j'ai trouvé que 1 pouce cube étoit composé,

De bois sec. . . .	0,34942 de pouce cube.
De sève.	0,52345
Et d'air.	0,12713
Ensemble. . .	1 pouce cube.

J'avois trouvé qu'un pouce cube d'un morceau de cœur d'orme, qui provenoit d'une branche d'un arbre abattu au printemps, et laissé à l'air pendant 5 à 6 mois, étoit composé,

De bois sec. . . .	0,41622 de pouce cube.
De sève.	0,35055
Et d'air.	0,23223
Ensemble. . .	1 pouce cube.

Comme il n'y a nul doute que le bois sur lequel j'opérai aussitôt après que l'arbre fut abattu, auroit changé, en séchant 5 ou 6 mois, de manière à ressembler au bois dont je viens de donner la composition, on peut regarder la différence, entre les quantités de bois parfaitement sec, qui se trouva dans ces deux morceaux de la même espèce de bois, comme provenant uniquement d'une plus grande distension dans les vaisseaux du morceau de bois qui contenoit le plus de sève ; et des quantités de bois sec qui se trouvent dans un volume donné de ce bois, il est très-facile de déterminer de combien le bois s'est rapetissé en séchant ; mais laissant pour le moment ce sujet de recherche, en quelque façon étranger à l'objet que j'ai eu principalement en vue, je rendrai compte d'une autre suite d'expériences que j'ai entreprises pour découvrir où réside la force qui est cause qu'une espèce de bois contient plus de sève qu'une autre, lorsque les deux espèces de bois se trouvent dans le même arbre.

Il est d'abord évident que cette force doit exister, ou dans le morceau de bois en question, ou hors de lui, et dans quelque autre partie de l'arbre; dans ses racines, par exemple, ou dans ses feuilles; ou elle peut dépendre en partie d'une force quelconque inhérente au morceau de bois, et en partie de l'action des organes vitaux, inconnus peut-être, ou méconnus, appartenans à l'arbre, situés hors du morceau de bois, et n'ayant avec lui qu'une connexion qu'on peut appeler éloignée, et passive.

Pour éclaircir ce sujet, et fixer nos idées, nous pouvons comparer le fait dont il s'agit, à une chose facile à concevoir, qui pourroit avoir lieu dans l'économie animale.

Si, en examinant la chair d'un animal quelconque, prise de différentes parties de son corps, on trouvoit plus de sang dans une partie du corps que dans une autre, on expliqueroit ce phénomène d'une manière assez satisfaisante, en attribuant la surabondance du sang trouvé dans la chair qui en contient la plus grande quantité, à une foiblesse locale des artères et des veines qui doivent se trouver dans cette partie de l'animal.

La cause prochaine de ce phénomène seroit trouvée dans la foiblesse locale de ces vaisseaux, et sa cause éloignée, dans la force exercée par le cœur en poussant le sang dans les artères.

J'aurois, sans doute, été tenté d'attribuer la cause de la grande quantité de sève que j'ai trouvée dans certaines parties des arbres, à une foiblesse locale des vaisseaux conducteurs de la sève dans ces parties, si j'avois pu rencontrer dans un endroit quelconque de l'arbre, le siège d'une force motrice en état *d'obliger* la sève d'entrer dans ces vaisseaux; mais comme je n'ai rien trouvé de semblable, j'ai commencé par chercher la cause du phénomène dans le morceau même de bois où l'effet a été observé; et si je ne me trompe, je l'y ai trouvée, et même toute entière; je suis pourtant bien loin de penser que je sois en état de l'expliquer.

En cas que la quantité de sève qu'un morceau de bois, faisant partie d'un arbre vivant, contient, dépende de *la structure du bois* ou de la forme de sa charpente; comme il est probable que la structure du bois n'est pas essentiellement changée en séchant, j'ai pensé que les bois qui, dans l'arbre, contiennent le plus de sève, pourroient probablement aussi être ceux qui attirent l'humidité de l'air avec le plus d'avidité, après avoir été séchés.

Ce fait important vient d'être constaté par les expériences suivantes.

Ayant conservé les copeaux provenant de 3 des 4 morceaux de bois que j'avois détachés le même jour (le 8 septembre 1812) de différentes parties d'un tilleul vivant, et dans lequel j'avois trouvé des quantités très-différentes de sève, je les exposai à l'air pendant plusieurs semaines, pour voir si, après avoir été séchés, les quantités d'humidité qu'ils attireroient de l'atmosphère, seroient en raison des quantités de sève qu'ils avoient contenues, lorsqu'ils avoient fait partie de l'arbre.

Les résultats de ces expériences ont été tels que je m'étois attendu de les trouver; les bois qui avoient contenu le plus de sève, ont attiré le plus d'humidité de l'air.

100 grains de chacune de ces trois espèces de copeaux pesés en sortant de l'étuve, parfaitement secs, ayant été exposés à l'air pendant deux jours, dans un temps froid et très-humide, la température de l'air étant celle de 38°. F.; j'ai trouvé très-inégaux les poids de ces copeaux;

Ceux du bois tiré du tronc de l'arbre, ont pesé. . . . . 122 grains.

Ceux provenant de la partie supérieure d'une branche du même arbre, } 131 grains.

Et ceux provenant de la racine, . . 126 grains.

D'autres expériences semblables, faites avec des quantités égales de copeaux du cœur d'orme, et de l'aubier de ce même bois, ont donné des résultats semblables.

100 grains de copeaux parfaitement séchés, pris du cœur d'un orme, ont attiré 34 grains d'eau de l'atmosphère, dans un temps froid et très-humide.

100 grains de copeaux, de la même épaisseur, tirés de l'aubier du même morceau de bois, n'ont attiré que 28 grains d'eau de l'atmosphère, dans les mêmes circonstances.

Des résultats de toutes ces expériences, j'ai conclu que l'inégalité de la distribution de la sève dans un arbre, dépend essentiellement des différences qui doivent exister dans la structure du bois dans les différentes parties de l'arbre; et que la même structure qui donne au bois le pouvoir d'attirer beaucoup d'humidité de l'air, lui donne le pouvoir de s'approprier beaucoup de sève, lorsqu'il fait partie d'un arbre vivant.

Au cas que ce fait vienne à être pleinement constaté, on pourra le regarder comme un pas fait dans la science; le mérite principal de la découverte sera à celui qui voudra bien se donner la peine de poursuivre la recherche avec le zèle et la persévérance qui sont nécessaires pour l'éclaircir.

§. V.

Des quantités d'eau contenues dans des bois regardés comme secs.

Le bois est une substance hygrométrique; et lorsqu'il est exposé à l'air atmosphérique, il contient toujours une quantité notable d'eau; mais cette quantité varie continuellement avec les variations de la température et de l'humidité de l'air.

Si l'humidité qui se trouve dans le bois, étoit enfermée dans des vaisseaux construits de manière que leurs parois fussent absolument imperméables à l'eau, la charpente du bois seroit toujours la même, sauf les variations dans ses dimensions, causées par les changemens de température ; et dans ce cas, il auroit été très-facile de déterminer la quantité d'eau qui se trouve dans le bois, la gravité spécifique des parties solides du bois étant connue ; mais comme le volume de tous les bois diminue beaucoup en séchant, cette circonstance rend la recherche un peu longue : cependant elle n'est pas difficile, et ses résultats sont clairs et satisfaisans.

Quelques exemples suffiront pour faire voir la route qu'il faut prendre.

La composition du chêne en pleine végétation, au commencement du mois de septembre, a été donnée déjà. Pour apprendre à connoître le changement qui a lieu dans cette espèce de bois, lorsqu'il est séché, j'ai fait l'expérience suivante.

D'un rondin de chêne, de 5 pouces et demi de diamètre, qui, couvert de son écorce, avoit été exposé en plein air, pour sécher, pendant 18 mois, j'ai pris un morceau d'un peu plus d'un pouce carré, et de 6 pouces de long : c'étoit de beau bois à brûler, et il paroissoit bien sec.

Ce morceau ayant été bien dressé par un menuisier, pesa 126,2 grammes, et il déplaça 157,05 grammes d'eau, par conséquent sa gravité spécifique étoit 80357, et un pouce cube de ce bois pesoit 15,939 grammes.

43 copeaux de ce bois, de 6 pouces de longueur, et de 6 lignes de largeur, pesèrent 17,9 grammes, et leur poids fut réduit à 13,7 grammes, lorsqu'ils furent complètement séchés à l'étuve : ils étoient donc (avant que d'être séchés à l'étuve) composés de 13,7 grammes de parties solides, c'est-à-dire, de bois sec, et de 4,2 grammes d'eau.

Des résultats de cette expérience, on voit que 100 kilogrammes de ce beau bois à brûler, contenoient 76 kilogrammes de bois sec, et 24 kilogram. d'eau; et c'est là, probablement, l'état ordinaire des plus beaux bois à brûler qu'on vend dans les chantiers de Paris et partout ailleurs.

Si l'on gardoit le bois plusieurs années, dans un endroit très-sec, et à couvert des pluies, il seroit possible de le sécher au point de ne plus contenir qu'environ 12 pour cent d'eau, et 88 pour cent de bois sec; mais nous verrons dans la suite qu'aucune espèce de bois, exposé à l'atmosphère, ne pourroit jamais devenir plus sec, à cause de sa qualité hygrométrique qu'il conserve toujours.

Voici les parties constituantes d'un pouce cube du bois à brûler employé dans cette expérience.

	pouce cube.
De parties ligneuses, ou bois sec. . .	0,40166
De sève ou d'eau.	0,18982
Et d'air.	0,40852
	1,00000

Maintenant nous pouvons faire voir d'une manière bien claire, la différence qu'il y a entre le chêne qui est en pleine végétation, et ce même bois après qu'il a été abattu et séché à l'air, sans être à couvert des pluies, pendant 18 mois.

	de bois sec.	d'eau.	d'air.
On trouve, dans un pouce cube de chêne qui végète.	0,39353	0,36122	0,24525
Et dans un pouce cube de ce même bois, après qu'il a été abattu et séché pendant 18 mois.	0,40166	0,18982	0,40852

En comparant les quantités relatives de bois sec qui se trouvent dans le bois lorsqu'il végète, et dans le même bois après qu'il a été séché, on voit combien la charpente du bois s'est rapetissée en séchant.

D'après les résultats de ces expériences, il paroît que le chêne qu'on vend dans les chantiers de Paris, pour brûler, contient un peu plus de la moitié de la sève qui existoit dans ce bois, lorsqu'il étoit en pleine végétation.

J'ai fait plusieurs autres expériences semblables, avec d'autres espèces de bois ; mais leurs résultats sont plus faits pour figurer dans une table, que pour être rapportés ici en détail. (*Voyez cette table à la fin de ce mémoire.*)

§. VI.

Des quantités d'eau que des bois de différentes espèces, parfaitement séchés, peuvent attirer de l'atmosphère.

Il est connu depuis long-temps que le charbon attire l'humidité de l'air avec beaucoup de force ; mais j'ai trouvé que le bois l'attire avec encore plus d'avidité que le charbon : voici les détails et les résultats d'une suite d'expériences que je fis l'hiver passé, pour éclaircir cet objet de recherche.

M'étant procuré des copeaux minces, d'environ 5 pouces de longueur, sur 6 lignes de largeur, de neuf espèces différentes des bois de notre climat ; afin de pouvoir d'autant plus sûrement les réduire au même degré de sécheresse, j'ai commencé par les remplir complètement d'eau, en les faisant bouillir pendant deux heures dans ce liquide.

Je les ai séchés parfaitement ensuite, dans une étuve où ils sont restés 24 heures, exposés à une température plus élevée que celle de l'eau bouillante d'environ 50 degrés de l'échelle de Fahrenheit.

En sortant de l'étuve, ils furent soigneusement pesés, étant encore chauds, et exposés de suite pendant 24 heures à l'air libre, mais humide, d'un grand salon où la température étoit nuit et jour d'environ 45°. à 46°. F., et où on n'avoit pas fait de feu depuis 6 ans : c'étoit le 1er. février 1812.

Voici le poids de ces copeaux, en sortant de l'étuve parfaitement séchés, et celui qu'ils avoient après avoir été exposés à l'air froid et humide du salon.

Espece du Bois.	Poids du bois. En sortant de l'étuve très-sec	Poids du bois. Ayant passé 24 heures au salon à 46°. F.
	grammes.	grammes.
Peuplier d'Italie	3,58	4,45
Tilleul de menuiserie	5,28	6,40
Tilleul, bois vert....	5,39	6,47
Hêtre	7,02	8,62
Bouleau	4,41	5,47
Sapin	5,41	6,56
Orme	5,87	7,16
Chêne.............	6,46	7,93
Erable	4,76	5,85

De ces résultats, il paroît que 100 parties du bois, dans l'état où il se trouvoit après avoir passé vingt-quatre heures au salon, étoient composées de bois sec et d'eau, dans les proportions suivantes.

		de bois sec.	d'eau.
100 parties	de Peuplier..	80,55 parties	19,55 parties
Id.	de Tilleul....	82,50	17,50
Id.	de Tilleul vert	83,31	16,69
Id.	de Hêtre....	81,44	18,56
Id.	de Bouleau..	80,62	19,38
Id.	de Sapin....	82,47	17,53
Id.	d'Orme......	81,80	17,20
Id.	de Chêne....	83,36	16,64
Id.	d'Érable.....	81,37	18,63

J'ai laissé tous ces bois au salon pendant huit jours; mais ils ont très-peu augmenté de poids; et aussi souvent que la température de l'air, dans le salon, se trouvoit plus élevée que 46°. F., ils ont diminué de poids. On peut donc regarder cet état des bois comme leur état habituel de sécheresse en hiver dans notre climat, lorsqu'il ne gêle pas (1).

Pour connoître les quantités d'humidité que les bois retiennent habituellement en été, je fis les expériences ci-après.

(1) J'ai trouvé dans la suite que ces copeaux ont perdu une partie considérable de l'eau dont ils étoient imbibés, lorsqu'ils ont été exposés à l'air dans un temps de gelée.

Les espèces de bois suivantes, en minces copeaux de 6 lignes de largeur, furent séchées parfaitement dans l'étuve, et ensuite exposées vingt-quatre heures dans une chambre au nord, où la température étoit de 62°. F., et assez constante. Voici les résultats de ces expériences :

ESPÈCE DU BOIS.	Poids du Bois étant sec.	Poids à l'état d'humidité propre, dans l'air à 62 . F.	Dans 100 parties de ce bois se trouvèrent	
			de bois sec	d'eau.
	grammes.	grammes	parties	parties.
ORME, le cœur.......	10.53	11.55	91.185	8.815
Dito. l'aubier........	11.99	13.15	91.197	8.803
CHÊNE de Menuiserie..	13.70	15.05	91.030	8.970
TILLEUL de menuiserie.	12.45	13.70	90.667	9.333
Dito, coupé le 6 sept..	7.27	7.80	93.205	6.795
Dito, vivant.........	6.75	7.30	92.466	7.534
Dito, racine.........	9.96	10.80	92.222	7.778
ORME de menuiserie..	9.25	10.80	91.133	8.867
PEUPLIER d'Italie.....	7.50	8.00	93.750	6.250

Afin de déterminer l'état habituel de sécheresse des bois en automne, j'ai gardé soigneusement ces mêmes copeaux jusqu'au 3 novembre, dans une chambre au nord non habitée; et pour lors, la température de la chambre ayant été pendant plusieurs jours à 52°. F., avec peu de variation, j'ai pesé les copeaux de nouveau, et de leur poids j'ai conclu les quantités d'eau qu'ils contenoient.

Pour faire voir d'une manière commode et satisfaisante l'état habituel des bois dans les différentes saisons dans notre climat, je placerai ici dans une table les résultats de toutes ces expériences.

ESPÈCE de bois	100 PARTIES, en poids, de Bois en minces copeaux exposés à l'air ont contenu d'eau,		
	EN ÉTÉ, à la Température de 62° F.	EN AUTOMNE, à la Température de 52°. F.	EN HIVER, à la Température de 45°. R.
	parties.	parties.	parties.
PEUPLIER.	6.25	11.35	195.5
TILLEUL..	7.78	11.74	17.50
CHÊNE....	8.97	12 46	16.[illegible]4
ORME....	8.86	11.12	17.20

En comparant ces résultats, on voit que les bois contiennent habituellement deux fois plus d'eau, lorsqu'ils sont exposés dans l'air à la température de 45°. F., que lorsque la température de l'air est celle de 60°. F., mais il faut que le bois soit en copeaux très-minces pour pouvoir se mettre subitement en équilibre avec l'air, comme corps hygrométrique, autrement l'état de l'air sera changé, et même bien souvent, avant que son humidité ou sa sécheresse aient eu le temps nécessaire pour produire tout son effet sur le bois.

On conçoit qu'à une température quelconque de l'air, la sécheresse des bois dépendra toujours beaucoup de l'humidité de l'atmosphère, ce qui fait que les tables précédentes ne peuvent pas être regardées comme donnant une mesure fort exacte des quantités d'eau contenues dans les bois dans les différentes saisons, ce qui est une chose trop variable pour être déterminée rigoureusement.

Pour découvrir ce que l'on pourroit appeler *la sécheresse moyenne* d'une espèce quelconque de bois, dans notre climat, il faudroit savoir la quantité d'eau que le bois contient chaque jour de l'année, et même chaque heure et chaque minute, ce qui est impossible; mais il y a une autre route que l'on peut prendre dans cette recherche, qui est moins pénible et qui mènera à des résultats aussi satisfaisans que le sujet peut le comporter.

Comme un gros morceau de bois, une grosse poutre, par exemple, se sèche à l'air très-lentement, de manière à ne pas être complètement séchée en moins de 50 à 60 ans, il n'y a qu'à examiner l'intérieur d'une grosse poutre qui auroit été pendant 80 à 100 ans à couvert des pluies, pour découvrir l'état du bois qu'on peut regarder comme permanent.

Lorsqu'on démolit de vieilles maisons, on trouve des poutres propres à cette recherche.

Profitant de la démolition d'un vieux château dans mon voisinage, j'ai examiné l'état du bois dans l'intérieur d'une grosse poutre de chêne, qui très-certainement avoit été plus de 150 ans dans cet édifice, faisant partie de sa charpente, et ayant été par conséquent à couvert des pluies.

Un morceau de ce bois, en parfaite conservation, ayant été bien corroyé par un menuisier, fut pesé très-exactement et ensuite plongé dans de l'eau, pour déterminer sa gravité spécifique. Ce morceau pesoit 75,05 grammes, et il déplaçoit 110 gram. d'eau à la température de 61°. F., par conséquent la gravité spécifique du bois étoit 68227, et un pouce cube de ce bois pesoit 13,53 grammes.

40 copeaux de ce bois pesèrent 11,4 grammes, et leur poids fut réduit à 10,2 grammes, lorsqu'ils eurent été parfaitement séchés à l'étuve.

De ces données, on peut conclure qu'un pouce cube de ce vieux bois étoit composé de parties

ligneuses............	0,39794	pouce cube,
d'eau...............	0,07186	
et d'air.............	0,53020	
Ensemble....	1,00000	pouce cube.

D'après les résultats de cette expérience, on peut conclure que le bois qui se trouve au centre d'une grosse poutre de chêne, que l'on tient pendant des siècles à couvert des pluies, ne peut jamais contenir moins d'eau, dans nos climats, qu'environ 10 pour cent du poids du bois, et qu'un pouce cube de ce bois contient plus d'un demi-pouce cube d'air.

Comme la *température moyenne annuelle* à Paris est d'environ $54\frac{1}{2}$°. F., et comme nous venons de voir que l'état habituel de sécheresse des bois à la température de 52°. F. est celui qui donne environ 11 pour cent d'eau; on ne doit pas être surpris de trouver 10 pour cent d'eau dans l'intérieur d'une grosse poutre qui avoit été pendant 150 ans à couvert des pluies.

Pour voir si ce vieux bois n'avoit rien perdu de sa qualité hygrométrique, j'ai exposé à l'air les copeaux de ce bois qui venoient d'être séchés à l'étuve, et j'ai trouvé qu'ils reprenoient l'humidité comme du bois neuf.

On voit par les résultats des expériences dont je viens de rendre compte, que les quantités d'humidité que les différentes espèces de bois attirent de l'atmosphère, ne sont pas très-éloignées d'être en raison des poids de ces bois; par conséquent, un pouce cube de bois dur et pesant, est imbibé de beaucoup plus d'humidité qu'un pouce cube de bois mou et léger, ce qui est le contraire de ce que l'on auroit pu s'imaginer; mais le sujet est trop important pour ne pas mériter d'être examiné avec le plus grand soin.

Pour voir si un *commencement de carbonisation* augmenteroit ou diminueroit le pouvoir qu'ont les bois d'attirer l'humidité de l'atmosphère, je fis les expériences suivantes :

14 grammes de minces copeaux de frêne, séchés fortement sur une plaque de marbre qui couvroit un poêle, furent exposés au mois de février dans une grande chambre, où l'air étoit à la température de 20°. F., et en 15 heures ils avoient augmenté de poids 1,65 gramme.

14 grammes de copeaux de ce même bois, mais qui avoient été brunis par une forte chaleur dans l'étuve, furent séchés en même-temps sur le poêle et exposés aussi en même-temps à l'air froid, à côte de ceux qui n'avoient pas été brunis.

Les 14 grammes de copeaux qui avoient été brunis à l'étuve, n'augmentèrent de poids, en 15 heures, dans l'air froid, que de 1,01 gramme, pendant que ceux qui n'avoient pas été brunis, augmentèrent de poids de 1,65 grammes.

14 grammes de copeaux de Tilleul, dans l'état naturel du bois, et 14 grammes de copeaux du même bois, qui avoient été fortement brunis à l'étuve, furent séchés en même-temps sur le poêle, et exposés aussi en même-temps pendant 15 heures dans l'air de l'atmosphère, à la température de 40°. F. Les copeaux dans l'état naturel du bois,

augmentèrent de poids 1,33 gramme ; et ceux qui avoient été brunis, de 0,7 de gramme seulement.

Une expérience semblable, faite avec des copeaux de merisier brunis, et d'autres du même bois dans son état naturel, donna des résultats semblables.

De ces expériences, on peut conclure que le bois, dans son état naturel, attire l'humidité de l'air avec plus d'avidité que lorsqu'il a subi un commencement de carbonisation.

Par d'autres expériences semblables, faites avec du charbon et du bois, j'ai appris que le bois sec attire l'humidité avec plus de force que le charbon sec.

Voici les détails et les résultats d'une expérience qui a constaté ce fait important de manière à ne laisser aucun doute.

J'ai pris du charbon ordinaire du commerce, fait avec du chêne; et l'ayant réduit en morceaux gros comme des petits pois, je l'ai séché pendant six heures dans l'étuve, où la température étoit plus élevée que celle de l'eau bouillante de plus de 100 degrés du thermomètre de Farenheit.

De ce charbon sec, sortant de l'étuve, et encore chaud, j'ai pris 10 grammes, que j'ai placés dans une assiette de porcelaine, et que j'ai exposés ensuite à l'air, en hiver, dans un temps humide, dans une chambre au nord, où, les fenêtres étant ouvertes, la température étoit celle d'environ 40°. F.

A côté de l'assiette où étoit le charbon, il y avoit une autre assiette dans laquelle j'avois mis 10 grammes de copeaux de chêne, qui venoient d'être séchés parfaitement dans l'étuve.

Les deux assiettes étant restées dans la chambre froide pendant 48 heures, le charbon et les copeaux furent pesés de nouveau, pour voir combien d'humidité chacun d'eux avoit attiré de l'atmosphère.

Le charbon, qui pesoit d'abord 10 grammes étant sec, pesoit alors 10,75 grammes; par conséquent, il avoit attiré 0,75 de gramme d'eau.

Le bois, qui avoit pesé 10 grammes étant sec, pesoit pour lors 11,71 grammes, et de là on étoit assuré qu'il avoit attiré 1,71 gramme d'eau.

De ce résultat, j'ai été autorisé à conclure que le bois sec attire l'humidité de l'atmosphère avec beaucoup plus d'avidité que le charbon sec.

Il seroit fort intéressant de savoir s'il n'attire pas aussi les gaz avec autant ou plus de force que le charbon. Comme je n'ai pas le temps de m'occuper de cette recherche particulière, je la recommande à ceux qui voudront bien s'y livrer.

§. VII.

De l'état de l'eau qui se trouve dans les bois qui ont été séchés, et des effets de la gelée sur cette eau.

La quantité d'eau que les bois peuvent attirer de l'atmosphère est très-considérable, surtout lorsque l'air est froid et en même temps humide. Dans une de mes expériences faite en hiver, dans un temps de dégel, 100 parties, en poids, de chêne parfaitement séché et en minces copeaux, ont attiré 24 $\frac{1}{2}$ parties d'eau, ce qui fait environ le quart du poids du bois.

La gravité spécifique de ce bois m'ayant été connue, j'ai pu déterminer le volume de cette quantité de bois, et j'ai trouvé que 10 pouces cubes de ce bois peuvent attirer de l'atmosphère et renfermer 1 pouce cube d'eau; et cela même sans que la surface du bois paroisse humide.

L'orme attire encore plus d'humidité que le chêne.

Dans quel état se trouve cette grande quantité d'eau qui est renfermée dans un espace si étroit?

Peut-elle y être sous la forme d'un fluide élastique? Est-elle encore de la vapeur, comme elle a été, sans doute, lorsqu'elle est entrée dans le bois, où a-t-elle regagné son état de liquidité, en s'attachant au bois?

Ces questions m'ont paru assez piquantes pour

exciter vivement ma curiosité ; et je me suis donné beaucoup de peine pour les résoudre. Je dois pourtant avouer que je n'ai pas trouvé moyen de le faire d'une manière tout à fait satisfaisante.

Comme il est certain que l'eau doit être liquide pour pouvoir être gelée, j'ai cherché à découvrir si l'eau qui se trouvoit dans mes copeaux seroit changée en glace, en exposant ces copeaux à un degré de froid plus grand que celui où l'eau liquide se gêle.

Des copeaux très-chargés d'humidité ont été séchés assez rapidement lorsqu'ils étoient exposés à l'air en hiver, le temps étant beau, et la température de l'atmosphère à plusieurs degrés au-dessous de celle de la glace fondante ; mais je n'ai rien observé qui m'ait paru indiquer clairement que l'eau qui se trouvoit dans le bois avoit été changée en glace.

Deux portions égales de minces copeaux, parfaitement séchés, chacun de 10 grammes (que j'appellerai 100 grains), de bois de deux espèces différentes, l'une de *Peuplier d'Italie*, l'autre de *chêne*, furent exposées en même temps, l'une à côté de l'autre, à la fin de l'automne, dans un cabinet au nord, ayant une grande fenêtre qu'on tint constamment ouverte jour et nuit. Ces copeaux sont restés dans cette situation tout le mois de décembre (1812), et pendant ce temps ils ont été pesés très-souvent ; et, pour ne pas déranger les opérations auxquelles ils ont été exposés, on les a toujours pesés dans le cabinet où ils se trouvoient.

Voici les poids que ces copeaux ont eu à différentes époques, et dans des temps variables de la saison.

	Température de l'air.	POIDS des copeaux. de chêne.	POIDS des copeaux. de peuplier.
	Deg. F.	Grains.	Grains.
Lorsque les copeaux, étoient secs.		100.	100.
A la fin de l'automne, avant la gelée.	40°	118.54	116.12
— après 2 jours de gelée..........	32°	112.41	109.33
En hiver, le 8 décembre, à 10 h. du matin, beau temps de gelée. Tempéra.	32°	111.24	108.
Le 9 décembre, à 10 h. du matin, beau temps......................	23°	114.05	110.67
Le 10 décembre, à 10 h..........	30° ½	116.46	114.
Le 11 décembre, à 10 h..........	32°	117.19	115.33
Le 12 décembre, 10 h............	24°	113.25	110.93
— à 2 h. après midi.............	27°	112.61	110.26
Le 14 décembre, à 10 h. du soir...	20°	1 3.73	110.98
Le 16 décembre, à 1 h. après midi, un peu de neige, dégel et un peu de pluie...........................	30°	117.42	114.66
Le 16 décembre, à 9 h. du soir, le dégel établi......................	32°	120.88	116.66
Le 17 décembre, à 1 h. après midi, le dégel ayant continué...........	32°	122.89	118.66
Le 18 décembre, à midi..........	38°	124.50	121.60

Le jour suivant, 19 décembre, les copeaux avoient commencé à perdre une partie de l'humidité dont ils étoient imbibés.

Je suis fort loin de prétendre qu'il est en mon pouvoir d'expliquer la marche de ces expériences, bien que j'aye étudié avec beaucoup d'attention tous les phénomènes qu'elles ont présentés.

J'avois pensé que si l'eau, que les copeaux contenoient à la fin de l'automne, venoit à se geler, la chaleur développée dans cette opération devroit nécessairement chauffer, vaporiser et expulser une partie de cette eau; et j'avois même déterminé, par un calcul fort simple, combien le poids des copeaux devroit être diminué par suite de cette perte d'eau; mais la diminution de poids que ces copeaux ont éprouvée, lorsque la gelée s'est établie, a été beaucoup trop grande pour être attribuée à cette cause (1).

---

(1) J'ai trouvé que la chaleur développée dans la congelation de 100 parties d'eau, suffiroit à peine pour vaporiser 9 parties d'eau à la température de la glace fondante; par conséquent, les 18 grains d'eau qui se trouvèrent dans les copeaux de chêne, à la fin de l'automne, ne pourroient pas développer plus de chaleur en gelant, que la quantité qui est nécessaire pour vaporiser environ 1 $\frac{3}{4}$ grain d'eau à la température qu'avoient pour lors les copeaux; mais ces co-

D'ailleurs, comme il paroit clairement, par la marche non-interrompue des phénomènes pendant tout le temps que la gelée a duré, que le bois n'a jamais perdu sa qualité hygrométrique, on ne peut pas croire que les vaisseaux des bois se soient jamais trouvés ni tapissés, ni obstrués de glace; et de là, on est autorisé à conclure, ce me semble, que l'eau, que les bois qui ont été séchés attirent ensuite de l'atmosphère, n'existe point sous la forme d'*eau liquide* dans ces bois.

§. VIII.

Des quantités de charbon qu'on peut retirer de différentes espèces de bois.

Ayant trouvé que des morceaux de bois, plus ou moins épais, peuvent être carbonisés parfaitement dans des vases de verre, fermés par en haut par des obturateurs, et exposés pendant deux ou trois jours à la chaleur modérée d'une étuve, j'ai employé cette méthode dans toutes mes expériences sur la carbonisation des bois.

Mes vases de verre sont ce que les chimistes

---

peaux ont perdu 10 grains d'eau, lorsque la gelée s'est trouvée bien établie, au commencement de l'hiver. Ils en ont regagné ensuite une grande partie, et même avant que le dégel soit venu.

appellent des éprouvettes à pieds : ce sont de petits vases cylindriques, d'environ un pouce et demi de diamètre, sur six pouces de hauteur; et les obturateurs dont je me sers pour les couvrir, sont des plateaux de verre, d'environ deux pouces de diamètre, sur 2 à 3 lignes d'épaisseur, parfaitement dressés avec de la poudre très-fine d'emeri, délayée de beaucoup d'eau, sur un grand plateau de verre; et les rebords des vases ayant été dressés de la même manière, les vases sont hermétiquement fermés par les obturateurs, de manière à ne point laisser entrer d'air, surtout lorsqu'on a soin de frotter avec de la mine de plomb les bords du verre, et toute la surface de l'obturateur.

Les fluides élastiques échappent de l'intérieur des vases, en soulevant momentanément l'obturateur, d'un côté, et cela même quand ce petit plateau de verre se trouve chargé d'un poids considérable; mais, dans aucun cas, l'obturateur n'est soulevé que très-peu, et comme il retombe de suite, le vase n'est jamais ouvert qu'un instant, et jamais de manière à laisser entrer quelque chose.

Lorsqu'on met un de ces vases à l'étuve, on le place sur un carreau, ou demi-brique, de terre cuite, et on charge son obturateur du poids d'un autre carreau de terre cuite, pour tenir le vase mieux fermé.

L'intérieur du vase ne manque jamais d'être obscurci, et de prendre une couleur jaune-noirâtre très foncée, pendant la carbonisation du bois; et dans le cours de cette opération, il sort de l'étuve une odeur très-forte de suie ou d'acide pyroligneux. Au commencement de l'opération, cette odeur est insupportable, si on s'approche de trop près, en retirant un des vases de l'étuve et en ôtant sans précaution le plateau de verre qui le couvre.

Il y a donc *décomposition* dans la carbonisation des bois, et formation d'acide pyroligneux. Ce fait est connu depuis long-temps, mais dans quelques-unes de mes expériences, et surtout dans celles faites avec du sapin, à un feu très-modéré, j'ai eu un produit qui, d'après l'examen le plus exact, m'a paru être du *bitume*.

Il avoit été condensé sur la surface intérieure du plateau de verre qui fermoit le vase, et il avoit coulé ensuite en grosses gouttes, sur la surface verticale de la paroi du vase. Il étoit dur et cassant, et d'une couleur jaune-foncé : ni l'eau bouillante, ni l'alkool bouillant ne l'attaquèrent ; mais il s'est dissous lentement par l'éther sulphurique.

Il n'est pas nécessaire d'entrer ici dans tous les détails de mes expériences sur la carbonisation des bois. Comme le procédé que j'ai employé doit être bien connu maintenant, depuis tout ce que j'en ai dit dans ce mémoire, et dans celui que j'ai eu l'honneur de présenter à la Classe, le 30 du mois de décembre de l'année passée, je ne donnerai ici que les résultats de mes expériences.

En voici d'abord six, faites avec différentes espèces de bois, qui ont eu des résultats tellement uniformes, que j'en ai été fort surpris moi-même.

100 parties (10 grammes) des six espèces de bois suivantes, en minces copeaux, dans un état de sécheresse parfaite, ont été carbonisées en même temps, à l'étuve, dans des vases de verre, bien fermés avec des plateaux de verre. Comme la chaleur a été ménagée avec soin, afin de pouvoir déterminer avec précision, par le poids des vases, le moment où l'opération seroit finie; l'expérience a duré quatre jours et quatre nuits. Lorsqu'on a trouvé que le poids des vases, avec ce qu'ils renfermoient, ne diminuoit plus, on a mis fin à l'expérience, et le charbon a été pesé, étant encore chaud.

Voici les résultats de ces expériences.

100 parties en poids du bois sec, ont donné en charbon sec.	Le Peuplier..	43,57 parties.
	Le Tilleul...	43.59
	Le Sapin....	44,18
	L'Érable	42.23
	L'Orme	43,27
	Le Chêne...	43.00

Le terme moyen des résultats de ces six expériences, donne 43,33 parties de charbon pour 100 parties de bois sec, et comme ces expériences ont été faites avec des bois qui diffèrent beaucoup par rapport à leur poids apparent, leur dureté, et les autres caractères physiques qui les distinguent, l'on peut inférer, de la grande uniformité des résultats de ces expériences, qu'aucune des circonstances qui donnent des caractères différens aux bois, n'influe sensiblement sur les quantités de charbon que le bois donne, et de là on peut conclure que la substance ligneuse, ou le bois sec, est identique dans tous, ou au moins composée de substances identiques.

Mais il y a encore une question fort intéressante qui nous reste à discuter. Le bois sec est-il du charbon ?

Pour éclaircir cette question, j'ai commencé par examiner si le charbon a la même gravité spécifique que le bois sec.

Ayant réduit du charbon ordinaire de chêne, qui paroissoit bien fait, en morceaux gros comme des petits pois, je les ai fait bouillir dans une quantité assez considérable d'eau de Seine bien filtrée : le charbon n'a pas tardé à avoir ses pores tellement remplis de ce liquide, que, devenu plus pesant que l'eau, à volumes égaux, il est descendu au fond du vase, et y est resté.

Le vase ayant été ôté du feu, l'eau fut refroidie jusqu'à la température de 60°. F., et pour lors, le charbon, encore sous l'eau, ayant été mis dans le petit vase de verre de la balance hydrostatique, fut pesé dans l'eau. Son poids dans l'eau, à la température de 60°. F., fut de 2,44 grammes.

Ce charbon ayant été retiré de l'eau, fut mis dans un vase cylindrique de verre de 1 pouce $\frac{1}{2}$ de diamètre, et de 6 pouces de hauteur, et séché parfaitement à l'étuve, à une température d'environ 265°. F.

Sortant de l'étuve où il avoit été 6 heures, il fut pesé étant encore chaud, et son poids fut trouvé égal à 6,7 grammes; par conséquent, sa gravité spécifique étoit 157273.

Nous avons vu que la gravité spécifique des parties solides du chêne, dans l'état de bois sec, est 153440.

C'est sans doute très-près de celle du charbon provenant de ce même bois; mais il n'est pas encore prouvé que le bois sec n'est que du charbon; au contraire, nous venons de voir qu'il faut employer 100 parties de bois sec pour avoir 43,33 parties de charbon sec.

Le bois sec n'est pas non plus une simple hydrure de bois sec, comme nous le verrons dans la suite.

Il paroît que la charpente d'une plante, qui peut bien n'être que du charbon pur, est toujours couverte d'une substance analogue à la chair qui couvre le squelette d'un animal. Cette *chair végétale* n'existe pas en des masses considérables, car la plante n'étant pas obligée d'aller d'un endroit à un autre pour chercher sa nourriture, elle n'a besoin ni de jointures mobiles dans son squelette, ni de muscles capables d'exercer une grande force, et c'est probablement parce que le squelette et la chair des plantes sont très-intimement mêlés ensemble, qu'on ne les distingue point l'un de l'autre. (1)

(1) Il y a pourtant quelques plantes (comme, par exemple, la sensitive) qui ont des articulations ou jointures dans leurs squelettes, semblables à celles des animaux, et des tiges qui sont mobiles; et dans ces cas il est probable qu'on trouvera une partie de leur chair végétale, disposée en de petites masses, de manière à former des muscles déstinés à faire mouvoir ces tiges.

Je regarde le bois sec comme le squelette de la plante, plus la chair de la plante parfaitement séchée, et encore adhérente au squelette; et comme nous avons trouvé qu'il y a 43,33 parties de charbon dans 100 parties de bois sec, je dirai que 100 parties de bois sec sont composées de charbon. . . . . 43,33 parties.

Et de chair végétale sèche. . . 56,67

Ensemble. . . . . . 100 parties.

Les belles analyses de MM. Gay-Lussac et Thénard, nous ont fait voir que le bois sec est composé de carbone, d'hydrogène et d'oxygène, et que deux espèces différentes de bois qu'ils ont analysées (le hêtre et le chêne), avoient à peu près ces trois élémens dans les mêmes proportions; et ils ont trouvé, de plus, que l'oxygène et l'hydrogène, dans ces bois, sont dans les proportions propres pour former de l'eau : de là ils ont conclu qu'il n'y avoit dans ces bois d'autre substance combustible que le carbone.

Nous verrons dans la suite comment les résultats de ces recherches ingénieuses s'accordent avec ceux de mes expériences.

En attendant, j'examinerai combien de charbon

il seroit possible de retirer de différentes espèces de bois dans différens états de sécheresse, en suivant une méthode analogue à celle que j'ai employée dans mes expériences.

De la manière dont on fait ordinairement le charbon, on en perd une quantité considérable qui est brûlée inutilement pendant l'opération.

Comme il paroît bien prouvé, par les résultats des six expériences dont je viens de rendre compte, que la quantité de charbon qu'une quantité quelconque de bois peut donner, est toujours dans une proportion invariable avec la quantité de substance ligneuse sèche qui se trouve dans le bois, la recherche des quantités de charbon que les différentes espèces de bois, à différens degrés de sécheresse, peuvent donner, se borne à celle des quantités de bois absolument sec, qui se trouvent dans les bois en question.

Nous venons de voir que 100 parties, en poids, de chêne absolument sec, donnent 43 parties de charbon.

Nous avons aussi vu que 100 parties de chêne, aussi sec qu'il peut l'être en été, à la température de 62°. F., ne contiennent que 91 parties de bois sec, par conséquent 100 parties de ce bois ne pourroient donner que 39,13 parties de charbon.

Il paroît, par les résultats d'une expérience dont j'ai rendu compte dans ce mémoire (page 79), que 100 parties de chêne, dans l'état où ce bois se trouve lorsqu'il est exposé à l'air en hiver, à la température de 46°. F., ne contiennent que 83.36 parties de bois sec ; par conséquent, 100 parties de ce bois ne peuvent fournir que 35,84 parties de charbon.

D'après l'examen que nous avons fait du chêne, dans l'état où il se trouve lorsqu'il est regardé comme de bon bois à brûler, nous avons trouvé que 100 parties de ce bois ne contenoient que 76 parties de bois absolument sec. De-là on peut conclure que 100 parties de ce bois doivent fournir 32,68 parties de charbon.

Nous avons trouvé que 100 parties d'un chêne abattu le 6 septembre, en pleine végétation, ne contenoient que 62,56 parties de bois sec, par conséquent 100 parties de ce bois ne pouvoient donner que 26,9 parties de charbon.

On n'a pas tenu compte dans ces calculs des quantités de bois (ou d'autre combustible) qu'il est nécessaire de brûler pour échauffer le vaisseau clos dans lequel le bois doit être carbonisé, en suivant le procédé que j'ai employé. Cette quantité sera plus ou moins grande, selon la construction du foyer et l'arrangement des autres parties de l'appareil; mais elle sera toujours trop considérable pour n'être pas mise en ligne de compte.

Comme M. Proust et M. de Saussure n'ont eu que 19 à 20 parties de charbon pour 100 parties de chêne, il est probable qu'il y a eu de la perte dans le procédé qu'ils ont employé; mais il est certain qu'il doit toujours y avoir dans la carbonisation du bois, par le procédé ordinaire, une perte considérable de charbon, causée par la quantité de bois qui est brûlée, ou en partie ou entièrement, pour produire la chaleur nécessaire à chauffer la partie du bois qui est réduite en charbon.

MM. Gay-Lussac et Thénard ont trouvé de 52 à 53 parties de carbone dans 100 parties de bois sec; mais 100 parties de bois sec ne m'ont donné que 43 parties de charbon. Il est facile d'expliquer cette différence, comme nous le verrons dans la suite.

§. IX.

Des quantités de chaleur qui sont développées dans la combustion de différentes espèces de bois.

Plusieurs personnes ont déjà cherché à déterminer les quantités relatives de chaleur que les bois et le charbon fournissent dans leur combustion ; mais les résultats de leurs expériences ont été peu satisfaisans. Les appareils dont ils se sont servis, ont été trop imparfaits pour ne pas laisser beaucoup d'incertitude dans les conclusions qu'ils ont tirées de leurs recherches. Le sujet est si compliqué, que, même avec les meilleurs instrumens, on est obligé de travailler avec le plus grand soin pour n'être pas forcé, après bien des travaux, à se contenter d'approximations au lieu d'arriver à des résultats précis, et à des évaluations rigoureusement déterminées.

Tous les bois contiennent beaucoup d'humidité, même quand ils nous paroissent très-secs ; et comme on n'a pas déterminé les quantités des bois absolument secs qu'on a brûlés, cette négligence a laissé beaucoup d'incertitude dans les résultats de toutes les expériences qui ont été publiées.

Une autre source d'incertitude a été la grande quantité de chaleur qui a dû échapper avec la fumée, et les autres produits de la combustion.

Comme le calorimètre (1) dont je me suis servi dans mes expériences, a été décrit dans un mémoire que j'ai eu l'honneur de présenter à la Classe, le 24 février 1812, il n'est pas nécessaire de revenir ici sur ce sujet; il suffit de décrire, en peu de mots, les différentes précautions que j'ai employées, en brûlant du bois sous ce calorimètre.

J'ai pris les bois que j'ai employés, dans le magasin d'un menuisier, et ils paroissoient tous très-secs; je les ai fait former en petites planchettes de six pouces de longueur et six lignes d'épaisseur, et de ces planchettes j'ai fait détacher, avec un rabot, des copeaux d'environ $\frac{1}{10}$ de ligne d'épaisseur sur 6 lignes de largeur, et 6 pouces de longueur.

Ces copeaux ayant été séchés convenablement, furent brûlés un à un, sous l'ouverture du calorimètre; j'ai eu soin de les tenir, par le moyen d'une petite pince, d'une manière à les faire brûler avec une belle flamme, et sans la moindre fumée, ni odeur, ni résidu appréciable de cendres.

Voici la méthode que j'emploie en faisant ces expériences.

---

(1) Ce nouvel instrument se trouve chez M. Dumotier, fabricant d'instrumens de physique, rue du Jardinet, faubourg Saint Germain, à Paris.

Le calorimètre ayant été rempli d'eau à une température d'environ 5 degrés du thermomètre de Fahrenheit, plus basse que celle qui règne dans l'appartement où les expériences sont faites; cet instrument est placé sur sa tablette ou son support, à la hauteur de 18 pouces au-dessus de la table sur laquelle l'appareil est posé.

L'extrémité du calorimètre où se trouve l'ouverture que j'ai appelée sa bouche, se projette environ 4 pouces au-delà de l'extrémité de sa tablette, de manière qu'on peut facilement faire entrer dans cette ouverture la pointe de la flamme du petit morceau de bois que l'on brûle; et la hauteur de la tablette est telle qu'on peut commodément tenir ses deux coudes posés sur la table, pendant qu'on tient dans les mains le morceau de bois qui brûle.

Il se trouve près du calorimètre une très-petite lampe à huile, pour pouvoir allumer, sans perte de temps, les petits morceaux de bois (copeaux) que l'on brûle l'un après l'autre; et on a toujours soin de préparer d'avance, et de tenir à la main, une quantité suffisante de ces copeaux d'un poids connu.

Les très-petits morceaux des copeaux qui restent dans la pince, sont conservés, et on les pèse à la fin de l'expérience, pour pouvoir déterminer précisément combien de bois a été brûlé.

Un assistant qui regarde constamment le thermomètre de l'appareil, avertit du moment où l'eau, dans le calorimètre, a acquis une température plus élevée que celle de la chambre d'autant de degrés que la température du calorimètre avoit été plus basse que celle de la chambre au commencement de l'expérience. À l'instant où cela arrive, on éteint le morceau de bois qui brûle, en le soufflant.

Ce qui reste de ce copeau est mis de côté pour être ensuite pesé avec les autres morceaux qui restent.

Ayant remué l'eau dans le calorimètre, en la secouant, ayant soin de le tenir par son cadre de bois, la température de l'eau est observée avec le plus grand soin, et notée dans un registre.

Une expérience dure ordinairement 10 ou 12 minutes, plus ou moins, selon la nature du bois, et selon le nombre de degrés où l'on élève la température du calorimètre.

Comme la texture du bois de *bouleau* est très-fine et très-égale, et comme cette espèce de bois brûle avec une très-belle flamme, je l'ai choisie pour mes premières expériences. Pour donner en peu de mots leurs détails et leurs résultats, je les ai placés ici ensemble dans une table.

Le calorimètre, avec l'eau qu'il renfermoit, fut égal en capacité pour la chaleur, à 2781 grammes d'eau.

Chaleur développée dans la combustion du bois de Bouleau.

	N°. de l'expérience.	QUANTITÉ de bois brûlé.	CHALEUR communiquée au calorimètre.	RÉSULTAT. avec la chaleur développée dans la combustion d'une livre du combustible. livres d'eau chauffées de 1 degré du thermomètre de Fahrenheit. (*)	livres d'eau à la température de la glace fondante mise en ébullition.
	numér	gram	deg.	liv. d'eau	liv. d'eau.
Bois à brûler de 2 ans.	1	5.	10 ½	5875	32.445
» »	2	4.	8 ½		32.841
Des copeaux séchés à l'air..................	3	4.55	10 ¼	6261	34.805
» »	4	4.54	10 ¼		34.881
Des copeaux fortement séchés sur un poêle	5	5.97	10	7002	38.916
» »	6	2.58	6 ½		38.925
» »	7	4.97	12 ½		38.858
Des copeaux qui avoient été fortement chauffés et brunis dans une étuve............	8	5.07	10 ¼	5614	31.325
» »	9	5.10	10 ¼		31.052
Des copeaux qui avoient été brunis moins fortement............	10	4.89	10 ½	5971	33.174

(*) Cette colonne a été supprimée dans la table suivante comme étant inutile. On peut y suppléer très-facilement au besoin, car les nombres qu'elle présente ne sont que les produits des nombres qui expriment les quantités d'eau chauffées de 180 degrés F. (données comme résultats de l'expérience) multipliées par 180.

En comparant les résultats de ces dix expériences, toutes faites avec la même espèce de bois, en minces copeaux, on voit que plus le bois étoit sec, plus un poids donné de copeaux, a fourni de chaleur; mais j'ai trouvé qu'en tenant compte des quantités d'humidité contenues dans le bois, les quantités de chaleur ont été toujours sensiblement proportionnelles aux quantités de bois sec brûlées, excepté pourtant dans les trois dernières expériences faites avec du bois fortement chauffé pendant 24 heures dans une étuve, et qui donna plusieurs indications non-équivoques d'un commencement de décomposition.

A poids égaux, les copeaux qui avoient été brunis le plus à l'étuve, donnèrent moins de chaleur que ceux qui avoient été moins brunis.

Comme dans toutes les expériences il y avoit toujours plus ou moins d'eau qui s'écouloit du serpentin, j'ai eu la preuve certaine qu'il y avoit eu de l'hydrogène de brûlé, *et c'est là un objet que j'ai eu grand désir de constater, parce qu'il est très-important pour la science.*

Ce n'est donc pas *le carbone* qui fournit exclusivement toute la chaleur qui est développée dans la combustion des bois. Nous aurons tout-à-l'heure une autre preuve de ce fait important.

Comme la grande quantité d'azote qui fut entraîné avec les produits de la combustion, et qui, après avoir traversé le serpentin, s'est échappé dans l'atmosphère, a emporté sans doute avec lui un peu plus d'humidité qu'il n'en avoit amené dans l'appareil, on se tromperoit en estimant la quantité d'eau formée dans la combustion du bois, par celle trouvée dans le serpentin ; mais il y en avoit toujours beaucoup plus qu'il n'en falloit pour fournir une preuve démonstrative qu'il y avoit eu de l'eau de formée.

Nous trouverons moyen, dans la suite, d'estimer la quantité d'eau ainsi formée, et même avec un degré de précision qui ne laissera rien à désirer ; mais il est nécessaire de commencer par déterminer la quantité de chaleur qui fut développée dans la combustion du carbone qui se trouva dans ce bois, et qui fut entièrement brûlé.

Bien que nos expériences sur la carbonisation des bois, dans des vases clos et à feu modéré, ne laissent aucun doute sur les quantités de *charbon* que le bois, employé dans les expériences en question, auroit produit ; pourtant, la connoissance de ce fait ne suffit pas pour nous mettre à même de déterminer la quantité de *carbone* qui se trouve dans le bois.

Comme il est nécessaire d'employer 100 parties de bois sec pour avoir 43 parties de charbon, il est certain que le bois sec est décomposé, au moins en partie, lorsque le charbon est produit dans l'opération de la carbonisation, c'est-à-dire, lorsque le squelette du bois est dépouillé de sa chair et mis à nu, et tout le monde sait qu'il y a beaucoup d'acide pyroligneux de formé lorsque le bois est carbonisé, et que cet acide contient du carbone.

D'après le procédé employé par MM. Gay-Lussac et Thénard, dans leur savante analyse, ils ont sans doute découvert et tenu compte de tout le carbone qui se trouve dans les bois qu'ils ont analysés; et comme il n'y avoit point d'acide pyroligneux de formé dans mes expériences, lorsque le bois a brûlé entièrement et sans fumée ni odeur, il est évident que, dans ce cas, tout le carbone qui se trouvoit dans le bois a été brûlé.

D'après les analyses de MM. Gay-Lussac et Thénard, 100 parties de *chêne* parfaitement séché contiennent 52,54 parties de carbone, et 100 parties de *hêtre* sec en contiennent 51,45.

Comme il me paroit très-probable que la substance ligneuse séche, est sensiblement la même dans tous les bois; je prendrai le moyen terme entre les résultats de ces deux analyses, et je regarderai comme un fait qui a été mis hors de doute, que 100 parties de bois parfaitement sec, contiennent 52 parties de carbone.

Maintenant, comme 100 parties de bois sec ne m'ont donné que 43 parties de charbon ; si nous regardons le charbon sec comme du carbone, nous sommes forcés de conclure que, des 52 parties de carbone qui se trouvent dans 100 parties de bois sec, 9 parties sont employées à composer l'acide pyroligneux qui est formé lorsque le bois est carbonisé. Ces neuf parties font plus de 17 pour cent de tout le carbone qui se trouve dans le bois.

Si on ne regarde pas le charbon comme du carbone pur, il faut nécessairement admettre qu'il y a encore une plus grande proportion de carbone d'employée dans la formation de cet acide, ou d'autres substances qui s'échappent dans l'atmosphère, lorsque le bois est carbonisé.

Dans des recherches physiques, il est nécessaire, avant toute chose, de rendre compte *des poids*, et lorsqu'on avance avec *la balance à la main*, il y a peu de danger de s'égarer.

Avant que de passer plus loin dans la recherche des sources de la chaleur qui est développée dans la combustion des bois, je présenterai ici une table où on trouvera les détails et les résultats de 43 expériences, faites avec 11 espèces différentes des bois de nos climats. Comme j'aurai besoin de rappeler quelques unes de ces expériences, pour établir des faits, il est nécessaire de commencer par les faire connoître.

Comme toutes ces expériences ont été faites et enregistrées long-temps avant que j'eusse commencé à faire les calculs que j'ai employés dans la suite pour éclaircir leurs résultats, j'ai osé m'y fier : d'ailleurs, elles ont été faites avec tout le soin possible, et avec des instrumens qui me paroissent parfaits, parconséquent je puis répondre de leur exactitude.

Des expériences nouvelles ont toujours une certaine valeur ; TOUTES LES CONNOISSANCES QUI FONT LES RICHESSES IMPÉRISSABLES DES HOMMES, NE CONSISTENT QU'EN NOTICES EXACTES D'EXPÉRIENCES BIEN FAITES. Heureux ceux qui ont le bonheur d'ajouter quelque chose à cette masse.

Chaleur développée dans la combustion de différentes espèces de bois.

	QUANTITÉ de BOIS BRULÉ.	NUMÉRO de L'EXPÉRIENCE.	CHALEUR communiquée au calorimètre, qui étoit égal en capacité à 2781 grammes d'eau.		RESULTAT. Quantité d'eau à la température de la glace fondante qu'on pourroit faire bouillir avec la chaleur développée dans la combustion d'une livre du combustible.
		N°.	Gr.	Degr.	Liv.
TILLEUL.	Bois sec de menuiserie, de 4 ans.........	11	4.52	10 1/8	34.609
id.	*id*.......................................	12	4.55	10 1/4	34.805
id.	Même bois séché fortement sur un poêle..	13	4.06	10 1/4	39.605
id.	*id*.......................................	14	3.80	10	40.658
id.	Même bois un peu moins séché...........	15	5.57	14	38.833
HÊTRE.	Bois sec de menuiserie, de 4 à 5 ans.......	16	4.74	10 3/8	33.817
id.	*id*.......................................	17	4.72	10 1/4	33.752
id.	Même bois séché fortement sur un poêle..	18	5.07	12	36.334
id.	*id*.......................................	19	4.43	10 3/8	36.184
ORME.	Bois de menuiserie un peu humide.......	20	6.34	11 1/2	27.147
id.	Bois sec de menuiserie, de 4 à 5 ans.......	21	5.28	10 3/8	30.359
id.	*id*.......................................	22	5.45	10 5/8	30.051
id.	Même bois fortement séché sur un poêle..	23	4.70	10 1/2	34.515
id.	*id*.......................................	24	5.28	11 1/2	33.651
id.	Même bois séché et bruni à l'étuve.......	25	4.	8	30.900
CHÊNE.	Bois à brûler ordinaire en copeaux moyens.	26	4.83	8	25.590
id.	Même bois en copeaux plus épais; laissant un résidu de charbon.............	27	6.40	10 1/4	24.748
id.	*id.* En copeaux minces................	28	6.14	10 1/2	26.272
id.	*id.* En copeaux minces, bien séchés à l'air.	29	7.22	13	29.210
id.	Bois de menuiserie bien sec, copeaux minces	30	5.30	10 1/4	29.880
id.	*id*.......................................	31	5.33	10 1/4	19.796
id.	Copeaux épais, laissant 0.92 grains en charbon.............................	32	6.48	11	26.227
FRÊNE.	Bois de menuiserie sec, ordinaire.........	33	5.29	10 1/2	30.666
id.	Même bois, les copeaux séchés à l'air....	34	3.78	8 1/4	33.720
id.	Même bois fortement séché sur un poêle..	35	5.23	12	35.449
ÉRABLE.	Bois sec, fortement séché sur un poêle..	36	3.85	9	36.117
CORMIER.	Bois sec, fortement séché sur un poêle...	37	4.49	10 1/2	36.130
id.	Même bois bruni dans une étuve.........	38	4.30	9	32.337
MERISIER.	Bois sec de menuiserie.................	39	4.75	10 1/4	33.339
id.	Même bois fortement séché sur un poêle..	40	4.36	10 1/2	36.904
id.	Même bois bruni dans une étuve.........	41	5.	11 1/4	34.763
SAPIN.	Bois sec de menuiserie ordinaire..........	42	5.35	10 1/2	30.322
id.	Les copeaux ayant été bien séchés à l'air.	43	4.09	9	34.000
id.	Fortement séchés sur un poêle...........	44	3.72	9	37.379
id.	Séché et bruni dans une étuve...........	45	4.40	9 1/2	33.358
id.	En copeaux épais, laissant beaucoup de charbon............................	46	4.51	6 1/2	28.695
PEUPLIER.	Bois sec de menuiserie, ordinaire........	47	4.13	9 1/4	34.601
id.	Même bois fortement séché sur un poêle	48	3.95	9 1/2	37.161
CHARME.	Bois sec de menuiserie..................	49	4.98	10 1/4	31.800
id.	Même espèce de bois....................	50	5.01	10 1/4	31.609
CHÊNE	de la sécheresse de (81.4 bois / 18.6 eau) brûlé imparfaitement, laissant du charbon comme résidu de la combustion. Résidu de Charbon. 0.81 gram.	51	6.14	10 1/2	26.421
	0.73 »	52	4.83	8	25.591
	0.94 »	53	6.71	11	25.917

Les résultats des expériences consignées dans la table précédente, pourroient donner lieu à un grand nombre d'observations, mais je tâcherai de les réduire à l'exposition de quelques faits simples qu'elles nous présentent.

Un fait qui est certainement fort curieux et très-important à la science de l'économie végétale, me paroit bien établi ; c'est que le squelette des arbres est du charbon pur, et qu'il existe tout formé dans le bois.

Si ce charbon n'existoit pas tout formé dans le bois, il ne pourroit pas conserver sa forme, pendant que la chair végétale qui l'enveloppe est détruite par le feu, dans le procédé de la carbonisation du bois.

Comme cette chair végétale contient de l'hydrogène aussi bien que du carbone, elle est plus inflammable que le charbon, et brûle à une température plus basse; et, en ménageant le feu, on peut la brûler entièrement et la dissiper sans que le squelette de charbon qu'elle recouvre soit entamé.

J'ai fait voir à la Classe, il y a plusieurs mois, une petite lame de charbon, provenant d'une lame de chêne que j'avois brûlée partiellement sous mon calorimètre. C'étoit à-peu-près tout le charbon que cette lame de bois contenoit. Toute la chair du

8

bois avoit brûlé, et avec une belle flamme, et le squelette du bois avoit rougi, mais la chaleur n'a pas suffi pour le faire brûler.

Le charbonnier ne fait guère autre chose que de brûler la chair des bois, pour mettre leur squelette de charbon à nu.

A poids égaux, la chair végétale sèche, donne plus de chaleur dans sa combustion que le charbon sec.

Les copeaux qui avoient été brunis à l'étuve, par une forte chaleur, ont donné moins de chaleur dans leur combustion, que des copeaux du même bois qui n'avoient pas eu leur chair végétale entamée. (Voyez les expériences N°s. 5, 6, 7, 8, 9 et 10. — N°s. 25, 38, 41, et 45.)

Comme dans des expériences de la nature de celles qui sont enregistrées dans la table précédente, on ne peut guère avoir des erreurs en plus, mais assez facilement en moins, on doit donner plus de confiance à celles où les quantités de chaleur manifestées ont été les plus grandes.

Dans les expériences, N°s. 13 et 14, le bois de tilleul fortement séché sur un poële, a donné plus de chaleur qu'aucun autre bois que j'ai examiné.

Le résultat a été pour 1 liv. de ce bois brûlé

dans l'expérience N°. 13. 39,605 l. } liv. d'eau
Et dans celle N°. 14. 40,658 l. } chauffée de
Moyen... 40,1315 l. } 180 degrés F.

Pour savoir au juste combien d'eau ce bois contenoit, j'ai séché parfaitement à l'étuve, un paquet de ces copeaux, séchés préalablement sur un poêle, et j'ai trouvé qu'il contenoit encore 6,977 pour cent d'eau.

Par conséquent 1 l. de ce bois ne contenoit que 0,93023 l. de bois sec.

Maintenant si 0,93023 l. de bois sec, peuvent chauffer 40,1315 l. d'eau de 180 deg. F., 1 l. de ce bois doit en chauffer 43,141 l. Je prendrai cette quantité d'eau chauffée de 180 degrés F., pour la mesure de la chaleur développée dans la combustion de 1 l. de bois parfaitement sec. (1)

(1) On pourroit demander pourquoi je n'ai pas fait des expériences avec du bois dans l'état de sécheresse parfaite? A cette question, je répondrois que la chose n'est pas possible; car le bois parfaitement sec attire l'humidité de l'air avec une telle avidité, que le poids des copeaux seroit changé sensiblement pendant la durée d'une expérience. D'ailleurs, la méthode employée pour déterminer la quantité de chaleur développée dans la combustion d'une quantité donnée de bois parfaitement sec, est tout aussi exacte et beaucoup plus facile dans l'exécution.

Plusieurs personnes ont cherché à rendre raison de la chaleur qui est manifestée dans la combustion des bois, en attribuant toute cette chaleur *au charbon*, dans le bois qui est brûlé.

Voyons si cette opinion peut être maintenue.

Nous avons vu que 100 parties de bois de tilleul parfaitement sèches, ont donné 43,59 parties de charbon, par conséquent il ne peut y avoir dans 1 l. de ce bois parfaitement sec, que 0,4359 l. de charbon.

D'après les résultats des expériences de Crawford, que nous avons trouvées fort exactes (*), 1 l. de charbon ne fournit, dans sa combustion, que la chaleur nécessaire pour chauffer 57,608 l. d'eau de 180 degrés F., par conséquent le charbon contenu dans 1 l. de tilleul sec = 0,4359 l. ne pourra fournir dans sa combustion que la chaleur nécessaire pour chauffer 25,111 l. d'eau de 180 degrés; mais l'expérience a donné 43,141 l., par conséquent il y avoit certainement, outre le charbon, quelqu'autre substance qui a brûlé, et cette substance ne pouvoit être que *de l'hydrogène*.

Mais avant que de pouvoir déterminer combien d'hydrogène a été brûlé, il faut savoir combien de chaleur a dû être fourni, non par le charbon seul,

(*) Voyez mes *Recherches sur la Chaleur développée dans la combustion*, page 29.

mais par le *charbon* et le *carbone* contenus dans le bois ; car il est bien certain que tout le carbone qui se trouvoit dans le bois, a brûlé, puisqu'il n'y avoit point d'acide pyroligneux de formé.

D'après les analyses de MM. Gay-Lussac et Thénard, 1 l. de bois sec, contient 0,52 l. de carbone.

En adoptant l'évaluation de Crawford, on trouve que ces 0,52 liv. de carbone ne doivent pas fournir dans leur combustion assez de chaleur pour chauffer 29,956 l. d'eau de 180 degrés F.

Otant cette quantité d'eau de celle que l'expérience nous a donnée, savoir : 43,141 l.; il nous reste 13,185 l. pour la mesure de la chaleur provenant de la combustion de l'hydrogène qui a été brûlé dans l'expérience.

Des résultats de cette recherche, on peut conclure que, de la chaleur qui est manifestée dans la combustion du bois, il y a un peu plus des *deux tiers* qui proviennent de la combustion du carbone, et un peu moins d'*un tiers* fourni par l'hydrogène qui a brûlé.

De ces données, on peut facilement déterminer la quantité d'hydrogène libre et combustible qui se trouve dans du bois sec.

Selon l'évaluation de Crawford, que nous avons toujours suivi, 1 l. d'hydrogène donne assez de chaleur dans sa combustion, pour chauffer 410 l. d'eau de 180 degrés F., par conséquent pour les 13,185 liv. d'eau qui ont été chauffées de 180 degrés dans l'expérience dout il s'agit, il falloit 0,035158 liv. d'hydrogène.

C'est donc là la quantité d'hydrogène libre et combustible qui se trouve dans 1 l. de bois sec.

Si nous prenons le moyen terme entre les résultats des deux analyses du bois sec, faites par MM. Gay-Lussac et Thénard, 1 l. de bois sec doit être composée,

De carbone.	0,52 l.
D'hydrogène et d'oxygène dans les proportions nécessaires pour former l'eau.	0,48
	1.

D'après les résultats de mes recherches, 1 l. de bois sec, doit être composée de deux substances distinctes, savoir :

D'un squelette de charbon, pesant. . .	0,43 l.
Recouvert par la chair végétale, pesant. .	0,57
	1.

Et ces 0,57 l. de chair végétale, seroient composés,

De carbone libre et combustible. . . .	0,09 l.
D'hydrogène libre et combustible. . . .	0,035
Et d'hydrogène et d'oxigène dans les proportions nécessaires pour former l'eau	0,445
	0,57

Dans ces estimations, j'ai adopté l'évaluation de la quantité totale de carbone dans le bois sec qui nous a été donnée par l'analyse de MM. Gay-Lussac et Thénard, et j'ai supposé que les 43 pour 100 de charbon que j'ai trouvés dans le bois sec, sont du carbone pur.

S'il se trouvoit dans la suite que le charbon n'est pas du carbone pur, ce qui me paroît extrêmement probable, dans ce cas il y aura beaucoup de changemens à faire dans toutes ces évaluations; mais les expériences faites avec des bois, resteront et conserveront toujours leur valeur. J'ose même espérer qu'elles seront répétées bien souvent et variées de manière à conduire à des découvertes importantes.

J'aurai la satisfaction d'avoir mis entre les mains d'ouvriers plus habiles que moi, quelques outils dont ils peuvent se servir avec avantage, et d'avoir indiqué, et applani un peu, une nouvelle route dans laquelle on peut marcher sans danger de s'égarer.

§. X.

De la quantité de chaleur qui est perdue dans la carbonisation des bois.

Comme il y a une quantité notable de chaleur qui est dissipée et perdue dans l'atmosphère, en faisant le charbon, il est évident qu'on ne peut jamais avoir autant de chaleur, en brûlant une quantité donnée de charbon, qu'on auroit pu en obtenir en brûlant le bois dont ce charbon provient.

Nous pouvons maintenant déterminer, avec beaucoup de précision, la perte de chaleur qui est *inévitable* en faisant le charbon avec toutes les précautions possibles, ainsi que celle qui a lieu tous les jours, en suivant le procédé qui est employé par le charbonnier.

Comme une livre de charbon, parfaitement sec, donne assez de chaleur dans sa combustion, pour chauffer et faire bouillir 57,608 livres d'eau qui se trouve à la température de la glace fondante, et qu'une livre de bois parfaitement sec, fournit 43,33 livres de charbon sec ; il est évident que le charbon qui se trouve dans une livre de bois sec, doit fournir assez de chaleur dans sa combustion, pour chauffer et faire bouillir 24,958 livres d'eau à la température de la glace fondante.

Mais nous avons vu plus haut qu'une livre de bois parfaitement sec, doit fournir assez de chaleur dans sa combustion, pour faire bouillir 43,143 liv. d'eau à la température de la glace, ou, ce qui est la même chose, pour la chauffer de 180 degrés du thermomètre de Fahrenheit.

Ces deux nombres (43,143 et 24,954) qui expriment les quantités de chaleur en question, étant dans la proportion de 100 à 57,849, il est évident que la perte de chaleur *inévitable* dans la carbonisation du bois, est de plus de 42 pour cent, ou exactement de 42,151 pour cent de la quantité totale que pourra fournir le bois.

Pour pouvoir déterminer la perte de chaleur qui a lieu dans la carbonisation du bois dans les forêts par le procédé du charbonnier, il faudroit savoir au juste le produit en charbon d'une quantité donnée de bois; mais il est probable que ce produit est très-variable. M. Proust l'estime à 20 pour 100 en poids au plus haut.

Nous adopterons cette estimation pour le moment, et nous supposerons que le bois carbonisé est dans le même état de sécheresse que celui qu'on vend ordinairement pour brûler.

Comme 1 livre de ce bois ne contiennent que 0,76 de livre de bois parfaitement sec, cette quantité de bois ne peut fournir dans sa combustion que la quantité de chaleur nécessaire pour chauffer 32,043 livres d'eau, de 180 degrés F.

Mais les 0,20 de livre de charbon, provenant de la carbonisation d'une livre de ce bois, d'après le procédé ordinaire, ne peuvent fournir, dans leur combustion, que la quantité de chaleur nécessaire pour chauffer 11,521 liv. d'eau de 180 degrés F.; et comme les nombres 32,043 et 11,521 sont, à très-peu de chose près, dans la proportion de 100 à 36, il paroît que la perte de chaleur en question est de 64 pour 100.

Un fait très-important, qui paroît bien prouvé par les résultats de cette recherche, c'est que tout le charbon provenant de la carbonisation *de trois livres* d'une espèce quelconque de bois, ne donne guères plus de chaleur, dans sa combustion, qu'*une livre* de cette même espèce de bois n'en fournit lorsqu'il est brûlé dans l'état de bois.

TABLE

Contenant les résultats d'une suite d'expériences faites pour déterminer la gravité spécifique des bois de différentes espèces d'arbres, dans différentes circonstances.

	Gravité spécifique.
Chène, (*Quercus Robur*), jeune bois, tige de l'année, coupé le 6 septembre, et dépouillé de son écorce et de sa moelle	116330
Même Arbre, un morceau pris du centre du tronc d'un jeune chêne de 18 ans, à trois pieds au-dessus de la terre, abattu en pleine végétation, le 6 septembre 1812.	102230
Gravité spécifique du même morceau, le 11 septembre, 5 jours plus tard	96515
Un morceau du tronc d'un chêne, de la même espèce et du même âge, qui avoit été abattu le 25 avril, et laissé à sécher sur la terre jusqu'au 6 septembre.	85550
Un morceau, pris d'un rondin de chêne, de 5 pouces de diamètre, de beau bois à brûler, qui avoit été abattu depuis 18 mois.	80357
Morceau d'une planche de chêne trouvée dans le magasin d'un menuisier, et regardé comme du bois de menuiserie très-sec	72342
Chène de 150 ans, qui étoit pris du milieu d'une	

	Gravité spécifique.
grosse poutre, qui avoit fait partie de la charpente d'un vieux château	68227
Orme, coupé en pleine végétation le 6 septembre (1812), morceau d'un rondin de 3 pouces de diamètre, pris du cœur de la branche sans aubier	110628
Le même morceau (d'un pouce en diamètre), examiné 4 jours plus tard	109091
Orme, pousse de l'année, en pleine végétation, privé de son écorce et de sa moelle, examiné le 6 septembre.	10648
Dans une autre expérience.	10500
Orme, rondin de 4 $\frac{3}{4}$ pouces de diamètre, abattu le avril 1812, et examiné le 7 septembre de la même année, un morceau *du cœur* de l'arbre, sans aubier.	98251
Le même morceau, ayant un pouce en diamètre, et 5 $\frac{3}{4}$ pouces en longueur, examiné 6 jours plus tard.	97936
Un morceau de l'aubier de ce même rondin. . .	81764
Orme, bois à brûler de 2 ans, très-sec, trouvé dans un chantier à Passy.	64311
Charme, morceau d'un rondin de 3 pouces de diamètre, pris d'un arbre abattu le 23 avril 1812, examiné le 6 septembre de la même année.	98487
Frêne, morceau pris d'un rondin de 3 pouces de diamètre, abattu le 6 septembre 1812, en pleine végétation, et examiné de suite.	85492

	Gravité spécifique.
Autre morceau pris d'un rondin de 3 ½ pouces de diamètre, abattu le 24 avril 1812, et examiné le 6 septembre de la même année.	77392
Châtaignier, morceau pris d'un rondin de 3 pouces de diamètre, abattu le 6 septembre 1812, en pleine végétation, et examiné de suite.	69031
Platane Oriental, en pleine végétation le 6 septembre, rondin de deux ans.	98208
Peuplier de la Caroline, en pleine végétation le 6 septembre, bois de 3 ans.	80233
Peuplier Suisse, en pleine végétation le 6 septembre, rondin de 3 ans.	70546
Peuplier de Hollande, en pleine végétation le 6 septembre, rondin de 3 ans.	62979
Saule pleureur, en pleine végétation le 6 septembre, rondin de 3 ans.	86260
Peuplier d'Italie, en pleine végétation, jeune arbre de 3 pouces de diamètre, abattu le 6 septembre 1812, examiné de suite.	57946
Même morceau (d'un pouce de diamètre) examiné 5 jours plus tard.	54173
Tilleul en pleine végétation, morceau (d'environ 1 pouce en diamètre sur 5 ½ pouces de longueur) pris le 8 septembre 1812, du tronc d'un arbre de 25 à 30 ans, à 3 pieds de terre.	75820
Pareil morceau pris le même jour de la partie inférieure d'une branche, de 3 pouces de dia-	

	Gravité spécifique.
mètre, de ce même arbre, qui sortoit du tronc de l'arbre à 10 pieds au-dessus de la surface de la terre.	70201
Morceau pris vers l'extrémité supérieure de cette même branche où elle n'avoit qu'un pouce en diamètre.	85240
Morceau d'une racine de ce même arbre, qui avoit 2 pouces en diamètre	80527
Morceau pris du tronc d'un arbre semblable, le 20 janvier 1812	76617
Ce même morceau d'un pouce en diamètre, après qu'il eut été bien séché pendant dix mois. . .	47383
Tilleul, bois de menuiserie, en apparence très-sec.	53820

TABLE DES MATIÈRES.

PAGES.

FIN.

www.ingramcontent.com/pod-product-compliance
Ingram Content Group UK Ltd.
Pitfield, Milton Keynes, MK11 3LW, UK
UKHW020917180726
13838UKWH00002B/610

9 782329 332123